U0255323

高等院校"十四五"经济管理类课程实验指导丛书

应用数理统计实验指导

EXPERIMENTAL GUIDANCE OF APPLIED MATHEMATICAL STATISTICS

主　编◎李国晖　孙春花　陈志芳
副主编◎王　娟　米国芳

经济管理出版社
ECONOMY & MANAGEMENT PUBLISHING HOUSE

图书在版编目（CIP）数据

应用数理统计实验指导/李国晖，孙春花，陈志芳主编．—北京：经济管理出版社，2020.12
ISBN 978-7-5096-7596-0

Ⅰ.①应… Ⅱ.①李… ②孙… ③陈… Ⅲ.①数理统计—实验—高等学校—教学参考资料
Ⅳ.①O212-33

中国版本图书馆 CIP 数据核字（2020）第 245213 号

组稿编辑：王光艳
责任编辑：王东霞
责任印制：黄章平
责任校对：王淑卿

出版发行：经济管理出版社
（北京市海淀区北蜂窝 8 号中雅大厦 A 座 11 层 100038）
网　　址：www.E-mp.com.cn
电　　话：（010）51915602
印　　刷：北京晨旭印刷厂
经　　销：新华书店
开　　本：787mm×1092mm/16
印　　张：10.25
字　　数：214 千字
版　　次：2022 年 1 月第 1 版　　2022 年 1 月第 1 次印刷
书　　号：ISBN 978-7-5096-7596-0
定　　价：58.00 元

联系地址：北京市海淀区北蜂窝 8 号中雅大厦 11 层
电话：（010）68022974　　邮编：100038

《经济管理方法类课程系列实验教材》编委会

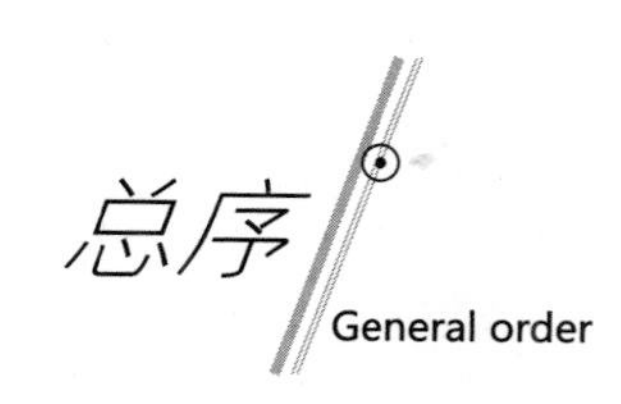

随着各种定量分析方法在经济管理中的应用与发展，各高校均在经济管理类各专业培养计划的设置中增加了许多方法类课程，如统计学、计量经济学、时间序列分析、金融时间序列分析、SPSS统计软件分析、多元统计分析、概率论与数理统计等。对于这些方法类课程，很多学生认为学起来比较吃力，由于数据量较大、计算结果准确率偏低，学生容易产生畏难情绪，这影响了他们进一步学习这些课程的兴趣。事实上，这些课程的理论教学和实验教学是不可分割的两个部分。其理论教学是对各种方法的逐步介绍，而仅通过理论教学无法对这些方法形成非常完整的概念，所以实验教学就肩负着引导学生实现理性的抽象向理性的具体飞跃，对知识意义进行科学的建构，对所学方法进行由此及彼、由表及里的把握与理解的任务。

通过借助于专业软件的实验教学，通过个人实验和分组实验，学生能够体验到认知的快乐、独立创造的快乐、参与合作的快乐等，从而提高学习兴趣。

此外，在信息时代，作为数据处理和分析技术的统计方法日益广泛地应用于自然科学和社会科学研究、生产和经营管理及日常生活中。国内很多企业开始注重数据的作用，并引入了专业软件作为定量分析工具，掌握这些软件的学生在应聘这些岗位时拥有明显的优势。学生走上工作岗位后，在日常工作中或多或少地会有处理统计数据的工作，面对海量的数据，仅凭一张纸和一支笔是无法在规定的时间内准确无误地完成工作的。我们经常会遇到学生毕业后回到学校向老师请教如何解决处理统计数据问题的情况，如果他们在学校里经过系统的实验培训与学习，这些问题将会迎刃而解。这也是本系列教材出版的初衷。

本系列教材力求体现以下特点：

第一，注重构建新的实验理念，拓宽知识面，内容尽可能新且贴近财经类院校的专业特色。

第二，注重理论与实践相结合，突出重点、详述过程、淡化难点、精炼结论，加强直观印象，立足学以致用。

感谢经济管理出版社的同志们，他们怀着极大的热情和愿望，经过反复论证，使这套系列教材得以出版。感谢参与教材编写的各位同仁，愿大家的辛勤耕耘收获累累硕果。

杜金柱

2021年11月于呼和浩特

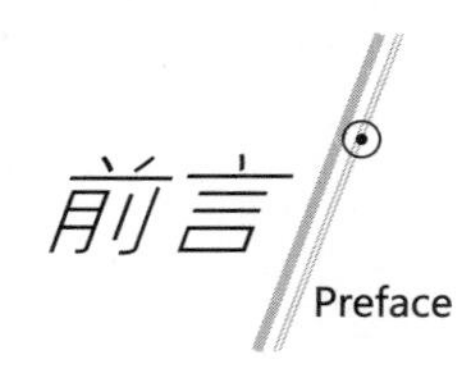

本书是与数理统计课程配套的实验教材，是内蒙古财经大学多年来在数理统计教学改革和数学实验教学改革方面的综合成果。本书将经典数理统计知识与计算机相结合，使用MATLAB软件，通过具体的实验例子引导学生自己动手，从应用角度学习数理统计知识。通过学习本书内容，学生能够巩固所学的理论知识，学会利用计算机解决实际问题，并了解数学建模的一些内容。

本书共分为5章，以财经类院校的数理统计教学大纲为指导，具体章节安排为：第1章概率计算，第2章参数估计，第3章假设检验，第4章方差分析，第5章回归分析。每章率先介绍实验目的和实验原理，阐述本章主要内容及其在全书中的地位，让学生能对理论知识有全局性的把握。所有的实验都给出了详细的实验过程，另外还针对一些实验提出了一些深入问题供学生思考。

每章均分为实验目的、实验原理、实验过程三个部分。实验原理主要介绍基本理论知识；实验过程介绍相关的基本命令，以让学生了解基本操作，随后通过典型的实例让学生掌握基本命令的综合应用，提高学生理论知识综合应用的能力以及用MATLAB进行程序设计解决实际问题的能力。

本书由孙春花负责提出写作构思，设计全书的主体框架，并完成全书的统稿。本书分5章，第1章由陈志芳、王娟共同编写，第2章由孙春花、米国芳编写，第3章由李国晖编写，第4章由陈志芳、王娟共同编写，第5章由李国晖编写。

本书在编著过程中，参考了许多专家、学者的有关教材、论文，并引用了部分资料，还搜集并借鉴了网上的相关内容。

限于编者的知识水平，书中的错误和不当之处在所难免，恳请广大读者不吝批评和指正。

编　者

2021年12月

第 1 章　概率计算

第 2 章　参数估计

第 3 章 假设检验

第 4 章 方差分析

第 5 章 回归分析

参考文献

第 1 章

概率计算

1.1 实验目的

自然界中的随机现象是大量存在的，如果同类型的随机现象大量重复出现，它的总体就会呈现出一定的规律性，而大量同类型随机现象所呈现出来的集体规律性，称作统计规律性。数理统计就是运用概率论的理论来研究大量同类型随机现象的统计规律性的数学学科。本章的目的在于：使学生学会利用 MATLAB 产生服从常见分布的随机数，包括二项分布、泊松分布、指数分布和正态分布的随机数据；会利用 MATLAB 软件计算离散型随机变量的概率和连续型随机变量的概率密度函数值；能够利用 MATLAB 软件计算随机变量的分布函数的函数值；会计算各种分布的分位数。本章还介绍利用 MATLAB 软件绘制出各种分布的概率密度函数曲线的方法。

1.2 实验原理

1.2.1 概率论基础知识

1.2.1.1 随机事件和概率

1.2.1.1.1 排列组合初步

1.2.1.1.1.1 乘法原理和加法原理

◉乘法原理

如果一件事情完成可以分两步做，第一步有 m 种方法可选择，第二步有 n 种方法可选择，则整件事情完成共有 $m \times n$ 种方法可选择。

特别地，如果有 k 件事情 A_1，A_2，…，A_k 待完成，而完成 A_1 有 n_1 种方法，完成 A_2 有 n_2 种方法，…，完成 A_k 有 n_k 种方法，那么一次完成这 k 件事情就有 $n_1 \times n_2 \times \cdots \times n_k$ 种方法。

◉加法原理

如果完成一件事情有两个过程，A_1 过程有 m 种选择，A_2 过程有 n 种选择，假定 A_1 过程和 A_2 过程是并行的，则整件事情共有 $m + n$ 种选择。

1.2.1.1.1.2 排列组合公式

◉有重复排列

一般地，从 n 个元素中有次序地抽取 m 个元素并放回，则共有 n^m 种取法。

◉无重复排列

一般地，从 n 个元素中有次序地抽取 m 个（$m < n$）元素不放回，共有 A_n^m 种取法，即

$$A_n^m = n \times (n-2) \times (n-2) \times \cdots \times (n-m+1) = \frac{n!}{(n-m)!}$$

如果 $m = n$，即将所有元素排成一列，称为全排列，记为 $P_n = A_n^n = n!$ 。

如果从 n 个元素中不放回抽取 m 个，但不关心其出现的顺序，则称为组合。因此，组合的数目要比无重复排列的数目小 $m!$ 倍，记作

$$C_n^m = \frac{A_n^m}{m!} = \frac{n!}{m!\ (n-m)!}$$

1.2.1.1.2 随机试验、随机事件及其运算

1.2.1.1.2.1 随机试验和随机事件

如果一个试验在相同条件下可以重复进行，且每次试验的结果具有多种可能性，但在每一次试验前不能准确预知该试验将出现哪种结果，这种试验被称为随机试验。试验的可能结果被称为随机事件，简称为事件，记为 A，B，⋯。

1.2.1.1.2.2 事件的关系及运算

◉事件的关系

- **事件的包含**

如果事件 A 发生必然导致事件 B 发生，即属于 A 的每一个样本点都属于 B，则称事件 B 包含事件 A 或称事件 A 包含于事件 B，记作 $B \supset A$ 或 $A \subset B$。

等价的说法是：如果 B 不发生则 A 也不会发生。对于任何事件 A，有 $\varnothing \subset A \subset \Omega$。

- **事件的相等**

如果事件 A 包含事件 B，同时事件 B 也包含事件 A，则称事件 A 与 B 相等，即 A 与 B 中的样本点完全相同，记作 $A = B$。

- **事件的并（和运算）**

两个事件 A、B 中至少有一个发生，这个事件被称为事件 A 与 B 的并事件或和运算，它是属于 A 和 B 的所有样本点构成的集合，记作 $A + B$ 或 $A \cup B$。

可将事件的和运算推广到多个随机事件的情形：

设 n 个事件 A_1，A_2，⋯，A_n 中至少有一个发生，这个事件被称为 n 个事件 A_1，A_2，⋯，A_n 的和；记作 $A_1 + A_2 + \cdots + A_n$ 或 $A_1 \cup A_2 \cup \cdots \cup A_n$。

设可列多个事件 A_1，A_2，⋯，A_n，⋯ 中至少有一个发生，这一事件也可称为事件 A_1，A_2，⋯，A_n，⋯ 的和，记作 $\sum_{i=1}^{\infty} A_i$ 或 $\bigcup_{i=1}^{\infty} A_i$。

• 事件的交（积运算）

两个事件 A 与 B 同时发生，这一事件被称为事件 A 与 B 的交事件或积运算。它是由 A 与 B 的所有公共样本点构成的集合，记作 AB 或 $A \cap B$ 。这也可推广到多个随机事件。

• 事件的差运算

事件 A 发生而事件 B 不发生，这一事件被称为事件 A 与 B 的差。它是由属于 A 但不属于 B 的那些样本点构成的集合，记作 $A - B$ 。显然 $A - B = A - AB$ 。

• 互不相容事件（或称互斥关系）

如果事件 A 与 B 不能同时发生，即 $AB = \varnothing$ ，这一事件被称为事件 A 与 B 互不相容（或称事件 A 与 B 互斥）。因此互不相容事件 A 与 B 没有相同的样本点。显然，基本事件间是互不相容的。

事件“非 A ”称为 A 的对立事件。它是由样本空间中所有不属于 A 的样本点组成的集合，记作 $\bar{A}$ 。显然有 $A\bar{A} = \varnothing$, $A + \bar{A} = \Omega$, $\bar{A} = \Omega - A$, $\bar{\bar{A}} = A$ 。

• 完备事件组

若事件 A_1，A_2，…，A_n 为两两互不相容事件，并且 $A_1 + A_2 + \cdots + A_n = \Omega$ ，称 A_1，A_2，…，A_n 构成一个完备事件组或构成一个划分。

完备事件组的概念可推广到可列多个随机事件。

◉事件的运算规律

设 A、B、C 是随机事件，则有以下运算规律：

• 交换律

$A \cap B = B \cap A$; $A \cup B = B \cup A$

• 结合律

$(A \cap B) \cap C = A \cap (B \cap C)$; $(A \cup B) \cup C = A \cup (B \cup C)$

• 分配律

$(A \cap B) \cup C = (A \cup C) \cap (B \cup C)$; $(A \cup B) \cap C = (A \cap C) \cup (B \cap C)$

• 对偶律

$\overline{A \cup B} = \bar{A} \cap \bar{B}$; $\overline{A \cap B} = \bar{A} \cup \bar{B}$

分配律和对偶律可以推广到任意有限多个事件或无限多个事件上，如

$$(\cup A_i) C = \cup A_i C \ ; \ (\cap A_i) \cup C = \cap (A_i \cup C)$$

$$\cup \bar{A}_i = \cap \bar{A}_i \ ; \ \cap \bar{A}_i = \cup \bar{A}_i$$

1.2.1.2 概率的定义及性质

1.2.1.2.1 概率的公理化定义

设 Ω 为样本空间，任一随机事件 A 都有唯一的一个实数 $P(A)$ 与之对应，若满足下列三个条件：①$0 \leqslant P(A) \leqslant 1$；②$P(\Omega) = 1$；③（可列可加性）若 A_1，A_2，…，A_n，…是互不相容的事件，则有 $P(A_1 + A_2 + \cdots + A_n + \cdots) = P(A_1) + P(A_2) + \cdots + P(A_n) + \cdots$ 。

则称 P 为概率测度，称 $P(A)$ 为事件 A 的概率。

1.2.1.2.2　古典概型

若试验结果一共由 n 个基本事件 A_1，A_2，…，A_n 组成，并且这些事件的出现具有相同的可能性，而事件 A 由其中某 m 个基本事件组成，则事件 A 的概率可以用下式计算

$$P(A)=\frac{A\text{所包含的基本事件数}}{\text{基本事件总数}}=\frac{m}{n}$$

1.2.1.3　概率中的公式

1.2.1.3.1　加法公式

设 A、B 是随机事件，有 $P(A+B)=P(A)+P(B)-P(AB)$。当 $AB=\varnothing$ 时，$P(A+B)=P(A)+P(B)$。

1.2.1.3.2　减法公式

设 A、B 是随机事件，有 $P(A-B)=P(A)-P(AB)$。当 $B\subset A$ 时，$P(A-B)=P(A)-P(B)$。当 $A=\Omega$ 时，$P(\Omega-B)=P(\bar{B})=1-P(B)$。

1.2.1.3.3　条件概率与乘法公式

设 A、B 是随机事件，且 $P(A)>0$，则称 $\frac{P(AB)}{P(A)}$ 为事件 A 发生的条件下，事件 B 发生的条件概率，记为 $P(B|A)=\frac{P(AB)}{P(A)}$。于是得到概率计算的乘法公式

$$P(AB)=P(A)P(B|A)$$

更一般地，对于事件 A_1，A_2，…，A_n，若 $P(A_1A_2\cdots A_{n-1})>0$，则有

$$P(A_1A_2\cdots A_n)=P(A_1)P(A_2|A_1)P(A_3|A_1A_2)\cdots P(A_n|A_1A_2\cdots A_{n-1})$$

1.2.1.3.4　全概率公式

如果事件 A_1，A_2，…，A_n，…构成一个完备事件组，并且都具有正概率，即 $P(A_i)>0(i=1,2,\cdots)$，则对任意一事件 B，有

$$P(B)=\sum_{i=1}^{\infty}P(A_i)P(B|A_i)$$

1.2.1.3.5　贝叶斯公式

若 A_1，A_2，…，A_n 构成一个完备事件组，并且 $P(A_i)>0$ $(i=1,2,\cdots,n)$，则对于任何一个概率不为零的事件 B，有

$$P(A_m|B)=\frac{P(B|A_m)P(A_m)}{\sum_{i=1}^{n}P(B|A_i)P(A_i)}$$

1.2.1.4 事件的独立性和伯努利试验

1.2.1.4.1 两个事件的独立性

若事件 A 与 B 满足 $P(AB)=P(A)P(B)$，则称事件 A 与 B 相互独立。

若事件 A 与 B 独立，则下列各对事件 $\{A,\bar{B}\}$，$\{\bar{A},B\}$，$\{\bar{A},\bar{B}\}$ 中的事件也相互独立。

若事件 A 与 B 都是正概率事件，则它们相互独立的充分必要条件为 $P(B|A)=P(B)$。

1.2.1.4.2 多个事件的独立性

若三个事件 A、B、C，满足两两独立的条件：

$$P(AB)=P(A)P(B),\ P(AC)=P(A)P(C),\ P(BC)=P(B)P(C)$$

并且同时满足 $P(ABC)=P(A)P(B)P(C)$，则称事件 A、B、C 相互独立。

若 A_1，A_2，…，A_n 是 n 个相互独立的事件，则有 C_n^2 个表达式同时成立（略），并且有

$$P\left(\sum_{i=1}^{n}A_i\right)=1-P(\bar{A}_1)P(\bar{A}_2)\cdots P(\bar{A}_n)$$

1.2.1.4.3 伯努利试验

在每次试验中某事件 A 有两种结果，发生或者不发生，因此我们可以用 A 与 $\bar{A}$ 代表这两种情况，并称出现 A 为“成功”，出现 $\bar{A}$ 为“失败”，这种只有两个可能结果的试验称为伯努利试验。

假设每次试验的结果与其他各次试验结果无关，即在每次试验中 A 出现的概率都是 $p(0<p<1)$，这样的一系列重复试验（比如 n 次），称为 n 重伯努利试验。

伯努利定理：设一次试验中 A 发生的概率为 p（$0<p<1$），则 $\bar{A}$ 发生的概率为 $q=1-p$。在 n 重伯努利试验中，A 恰好发生 k 次的概率用 $p_n(k)$ 表示，则

$$p_n(k)=C_n^k p^k q^{n-k},\ k=0,1,2,\cdots,n$$

1.2.2 随机变量及分布

对于随机试验来说，其结果可能不止一个。我们可以把试验结果与实数 X 对应起来，将随机试验的结果数量化，引入随机变量的概念，这样样本点 ω 与实数 X 之间就可以联系

起来，由此建立样本空间 Ω 中每个事件 ω 与实数 X 之间的对应关系 $X = X(\omega)$ 。

1.2.2.1 随机变量

设 E 是随机试验，它的样本空间是 $\Omega = \{\omega\}$ ，如果对于每一个 $\omega \in \Omega$ ，都有唯一的一个实数 $X(\omega)$ 与之对应，这样就得到一个定义在 Ω 上的映射 $X = X(\omega)$ ，X 被称为随机变量。随机变量通常用大写英文字母 X、Y、Z 或希腊字母 ξ、η、ζ 等表示。

1.2.2.2 分布函数

1.2.2.2.1 离散型随机变量的概率分布

如果随机变量 X 的所有可能取值为有限个或无限可列个，记为 $x_i(i = 1, 2, \cdots)$ ，且它取各个可能值有确定的概率，即事件 $\{X = x_i\}$ 的概率为 p_i ，则称随机变量 X 为离散型随机变量；称 $P\{X = x_i\} = p_i(i = 1, 2, \cdots)$ 为离散型随机变量 X 的概率分布或分布列。

由于事件 $\{X = x_1\}$ ，$\{X = x_2\}$ ，…，$\{X = x_i\}$ ，… 构成一个完备事件组，因此概率分布具有如下性质：(1) $p_i \geqslant 0$；(2) $\sum_i p_i = 1$。

1.2.2.2.2 分布函数

设 X 是一个随机变量，对任何实数 x ，令 $F(x) = P(X \leqslant x)$ ， $-\infty < x < +\infty$ ，称 $F(x)$ 是随机变量 X 的分布函数。

分布函数是定义在全体实数上的一个普通实值函数，同时分布函数也具有明确的概率意义：对任意实数 x ，$F(x)$ 在 x 点的函数值就是随机变量落在区间 $(-\infty, x]$ 上的概率。

分布函数 $F(x)$ 具有如下基本性质：

性质 1 $0 \leqslant F(x) \leqslant 1, -\infty < x < +\infty$ ，且 $F(+\infty) = \lim_{x \to +\infty} F(x) = 1, F(-\infty) = \lim_{x \to -\infty} F(x) = 0$。

性质 2 $F(x)$ 是单调不减函数，即对于任意 x_1，$x_2 \in R$ ，当 $x_1 < x_2$ 时，有 $F(x_1) \leqslant F(x_2)$ 。

性质 3 $F(x)$ 是右连续函数，即若 x_0 是 $F(x)$ 的间断点，则有 $\lim_{x \to x_0^+} F(x) = F(x_0)$ 。

1.2.2.2.3 连续型随机变量的概率密度函数

设 $F(x)$ 是随机变量 X 的分布函数，若存在定义在实数域上的一个非负函数 $p(x)$ ，对于任意的实数 x ，都有 $F(x) = P(X \leqslant x) = \int_{-\infty}^{x} p(x)dx$ ，则称 X 为连续型随机变量；称 $p(x)$ 为 X 的概率密度函数，简称概率密度或密度函数。

概率密度函数具有以下性质：

性质 1 $p(x) \geqslant 0$， $-\infty < x < +\infty$ 。

性质2 $\int_{-\infty}^{+\infty} p(x)dx = 1$。

反之，可证明一个函数若满足上述性质，则该函数一定可以作为某连续型随机变量的概率密度函数。

性质3 由分布函数和连续型随机变量的定义可知，对于任意实数 a、b（$a \leqslant b$，且 a 也可为 $-\infty$，b 也可为 $+\infty$），有 $P(a < X \leqslant b) = \int_a^b p(x)dx$。

性质4 对任意实数 a、$b(a < b)$，$P(a < X \leqslant b) = \int_a^b p(x)dx = F(b) - F(a)$。

性质5 连续型随机变量 X 取任一指定值 $a(a \in R)$ 的概率为零，即 $P(X = a) = 0$；因此对于连续型随机变量 X，有

$$P(a < X \leqslant b) = P(a \leqslant X < b) = P(a \leqslant X \leqslant b) = P(a < X < b)。$$

注：连续型随机变量 X 取任意值 a 的概率为0，此性质与离散型随机变量是不同的，而且此性质也说明概率为0的事件不一定是不可能事件。

性质6 $p(x)$ 是连续函数，且在 $p(x)$ 的连续点 x 处有 $p(x) = F'(x)$。

注：概率密度函数 $p(x)$ 在 x 处的函数值越大，则 X 取 x 附近的值的概率越大。因此，密度函数 $p(x)$ 并不是随机变量 X 取值 x 时的概率，而是随机变量 X 集中在该点附近的密集程度。这也意味着 $p(x)$ 确实有“密度”的性质，所以称它为概率密度。

1.2.2.3 常见分布

1.2.2.3.1 0-1分布

在伯努利试验中，设事件 A 发生的概率为 p，事件 A 发生的次数是随机变量，设为 X，则 X 可能的取值为0，1，概率分布为

$$P(X = k) = p^k(1 - p)^{1-k},\ k = 0,\ 1,\ 0 < p < 1$$

则称 X 服从参数为 p 的0-1分布，又称为伯努利分布，记为 $X \sim B(1,\ p)$。

1.2.2.3.2 二项分布

在 n 重伯努利试验中，设事件 A 发生的概率为 p，事件 A 发生的次数是随机变量，设为 X，则 X 可能的取值为0，1，2，…，n，概率分布为

$$P(X = k) = C_n^k p^k(1 - p)^{n-k},\ k = 0,\ 1,\ 2,\ \cdots,\ n,\ 0 < p < 1$$

则称 X 服从参数为 n，p 的二项分布，记为 $X \sim B(n,\ p)$。

$P(X = k) = C_n^k p^k(1 - p)^{n-k}$ 恰好是二项式 $(p + q)^n$ 展开式中的第 $k + 1$ 项，二项分布由此得名。在二项分布中，当 $n = 1$ 时，有

$$P(X = k) = p^k(1 - p)^{1-k},\ k = 0,\ 1,\ 0 < p < 1$$

这就是0-1分布，故0-1分布是二项分布在 $n = 1$ 时的特例。

1.2.2.3.3 泊松分布

若 X 的概率分布为

$$P(X=k)=\frac{\lambda^k}{k!}e^{-\lambda},\ k=0,\ 1,\ 2,\ \cdots,\ \lambda>0$$

则称 X 服从参数为 λ 的泊松分布，记为 $X\sim\pi(\lambda)$ 。

泊松分布是概率论中最重要的概率分布之一，通常在各种服务系统中大量出现。例如，观察某电话交换台在单位时间内收到用户的呼唤次数、某公共汽车站在单位时间内来车站乘车的乘客数等均是近似服从泊松分布的。所以，在运筹学及管理学中泊松分布有着广泛的应用；在工业生产中，每米布的疵点数、纺织机上的断头数、每件钢铁铸件的缺陷数等也近似地服从泊松分布。另外，宇宙中单位体积内星球的个数、放射性分裂落到某区域的质点数等也都近似地服从泊松分布。由于许多实际问题中的随机变量都可以用泊松分布来描述，因此，泊松分布对于概率论的应用来说有着很重要的作用，而且概率论理论的研究还表明泊松分布在理论上也有着特殊和重要的地位。

1.2.2.3.4 几何分布

在重复进行的伯努利试验中，设事件 A 发生的概率为 p ，事件 A 首次发生的次数 X 是随机变量，概率分布为

$$P(X=k)=p(1-p)^{k-1},\ k=1,\ 2,\ \cdots,\ 0<p<1$$

则称 X 服从参数为 p 的几何分布，记为 $X\sim G(p)$ 。

1.2.2.3.5 超几何分布

从 N 件产品（其中有 M 件是次品）中，随机抽查 n 件，这 n 件产品中次品的件数 X 是随机变量，概率分布为

$$P(X=k)=\frac{C_M^k C_{N-M}^{n-k}}{C_N^n},\ k=0,\ 1,\ 2,\ \cdots,\ r,\ r=\min\{n,\ M\}$$

则称 X 为服从参数为 N, M, n 的超几何分布，记为 $X\sim H(N,\ M,\ n)$ 。

1.2.2.3.6 均匀分布

若 X 的概率密度函数为 $p(x)=\begin{cases}\dfrac{1}{b-a}, & a\leqslant x\leqslant b\\ 0, & \text{其他}\end{cases}$ ，则称 X 服从 $[a,\ b]$ 上的均匀分布，记为 $X\sim U[a,\ b]$ 。

均匀分布的分布函数为

$$F(x)=\int_{-\infty}^{x}p(x)dx=\begin{cases}0, & x<a\\ \dfrac{x-a}{b-a}, & a\leqslant x\leqslant b\\ 1, & x>b\end{cases}$$

注：在区间 $[a,\ b]$ 上服从均匀分布的随机变量 X ，其取值落在 $[a,\ b]$ 中任意等长度的子区间的概率是相同的，且与子区间的长度成正比，而与位置无关，这就是“均匀”的含义。事实上，任取子区间 $[c,\ c+l]\subset[a,\ b]$ ，有

$$P(c \leqslant X \leqslant c + l) = \int_{c}^{c+l} p(x)dx = \int_{c}^{c+l} \frac{1}{b - a}dx = \frac{l}{b - a}$$

1.2.2.3.7　指数分布

若 X 的概率密度函数为 $p(x)=\begin{cases}\lambda e^{-\lambda x}, & x \geqslant 0 \\ 0, & x < 0\end{cases}$，其中 $\lambda > 0$，则称 X 服从参数为 λ 的指数分布，记作 $X \sim EXP(\lambda)$。

指数分布的分布函数为

$$F(x) = \int_{-\infty}^{x} p(x)dx = \begin{cases}1 - e^{-\lambda x}, & x \geqslant 0 \\ 0, & x < 0\end{cases}$$

指数分布有很广泛的应用，各种“寿命”分布都近似服从指数分布。例如，无线电元件的寿命、动物的寿命、保险丝的寿命、电话问题中的通话时间、随机服务系统中的服务时间以及某一复杂系统中两次故障的时间间隔等都近似地服从指数分布。

1.2.2.3.8　正态分布

若 X 的概率密度函数为 $p(x) = \frac{1}{\sqrt{2\pi}\sigma}e^{-\frac{(x-\mu)^2}{2\sigma^2}}$，$-\infty<x<+\infty$，其中 μ 和 σ 均为常数，且 $\sigma > 0$，则称 X 服从正态分布，记为 $X \sim N(\mu, \sigma^2)$。

正态分布的概率密度函数有以下特点：

(1) $p(x)$ 在直角坐标系内的图形呈倒钟形，并且以 x 轴为渐近线。

(2) $p(x)$ 在 $x = \mu$ 处达到最大，最大值为 $\frac{1}{\sqrt{2\pi}\sigma}$，并且 $p(x)$ 关于 $x = \mu$ 对称，即

$$p(x + \mu) = p(x - \mu)$$

(3) 服从正态分布的随机变量落在等长度区间内的概率越靠近 μ 就越大。

(4) 正态分布的参数 μ（σ 固定）决定其概率密度函数 $p(x)$ 图形的中心位置，因此有时也称 μ 为正态分布的位置参数。

(5) 正态分布的参数 σ（μ 固定）决定其概率密度函数 $p(x)$ 图形的形状，因此有时也称 σ 为正态分布的形状参数。σ 越小，$p(x)$ 在 $x = \mu$ 的两侧越陡峭，表示随机变量的取值越集中于 $x = \mu$ 附近；σ 越大，$p(x)$ 在 $x = \mu$ 的两侧越平坦，表示随机变量的取值越分散。特别地，$\mu = 0$，$\sigma^2 = 1$ 时的正态分布称为标准正态分布，记为 $X \sim N(0, 1)$，相应的概率密度函数和分布函数分别用 $\varphi(x)$ 与 $\Phi(x)$ 表示即

$$\varphi(x) = \frac{1}{\sqrt{2\pi}}e^{-\frac{x^2}{2}}, \quad -\infty < x < +\infty$$

$$\Phi(x) = \frac{1}{\sqrt{2\pi}}\int_{-\infty}^{x} e^{-\frac{s^2}{2}}ds, \quad -\infty < x < +\infty$$

只要令 $s = \frac{x - \mu}{\sigma}$（称为标准化），就可以把正态分布的分布函数 $F(x)$ 转化为用标准正态分布的分布函数 $\Phi(x)$ 表示的形式，即

$$F(x)=\frac{1}{\sqrt{2\pi}\sigma}\int_{-\infty}^{x}e^{-\frac{(t-\mu)^2}{2\sigma^2}}dt=\frac{1}{\sqrt{2\pi}}\int_{-\infty}^{\frac{x-\mu}{\sigma}}e^{-\frac{s^2}{2}}ds=\Phi\left(\frac{x-\mu}{\sigma}\right)$$

因此正态分布随机变量的分布函数，可借助标准正态分布的分布函数来计算。标准正态分布的分布函数 $\Phi(x)$ 的值已制成表，以供查用。由于标准正态分布随机变量的概率密度函数 $\varphi(x)$ 是偶函数，分布函数 $\Phi(x)$ 满足下列公式：$\Phi(-x)=1-\Phi(x)$，因此，当 $x>0$ 时，可先从表中查出 $\Phi(x)$ 的取值，再利用上式计算 $\Phi(-x)$。

1.2.3 二维随机变量及分布

1.2.3.1 二维随机变量

设随机试验 E 的样本空间 $\Omega=\{\omega\}$，若每个 ω 都有两个定义在 Ω 上的随机变量 $X=X(\omega)$ 和 $Y=Y(\omega)$ 与之相对应，则称 (X, Y) 这个整体为定义在 Ω 上的二维随机变量或二维随机向量，简记为 (X, Y)。

对于二维随机变量 (X, Y)，事件 $(X=x_i, Y=y_j)$ 表示事件 $(X=x_i)$ 与 $(Y=y_j)$ 的交事件。同样事件 $(X\leqslant x, Y\leqslant y)$ 表示 $(X\leqslant x)$ 与 $(Y\leqslant y)$ 的交事件。

1.2.3.1.1 二维离散型随机变量

如果二维随机变量 (X, Y) 的所有可能取值是有限对或无限可列对 $(x_i, y_j)(i, j=1, 2, \cdots, n, \cdots)$，则称 (X, Y) 是二维离散型随机变量；记 $P(X=x_i, Y=y_j)=p_{ij}$，称它为二维离散型随机变量 (X, Y) 的联合概率分布，其中 p_{ij} 满足：① $p_{ij}\geqslant 0(i, j=1, 2, \cdots, n, \cdots)$；② $\sum\limits_i\sum\limits_j p_{ij}=1$。

由 (X, Y) 的联合概率分布，可求出 X、Y 各自的概率分布

$$P_{i\cdot}=P(X=x_i)=\sum_j p_{ij}, \ i=1, 2, \cdots,$$

$$P_{\cdot j}=P(Y=y_j)=\sum_i p_{ij}, \ j=1, 2, \cdots,$$

分别称 $P_{i\cdot}(i=1, 2, \cdots)$ 和 $P_{\cdot j}(j=1, 2, \cdots)$ 为 X、Y 关于 (X, Y) 的边际概率分布。

1.2.3.1.2 二维连续型随机变量

设二维随机变量为 (X, Y)，且 X、Y 都是连续型随机变量，如果存在一个非负可积函数 $p(x, y)$，使得对于任意的实数 x、y 有

$$P(X\leqslant x, Y\leqslant y)=\int_{-\infty}^{x}\int_{-\infty}^{y}p(u, v)\mathrm{d}u\mathrm{d}v$$

则称 (X, Y) 为二维连续型随机变量，并称 $p(x, y)$ 为 (X, Y) 的联合概率密度函数。其中 $p(x, y)$ 满足：① $p(x, y)\geqslant 0, \ \forall x, y\in R$；② $\int_{-\infty}^{+\infty}\int_{-\infty}^{+\infty}p(x, y)\mathrm{d}x\mathrm{d}y=1$。

X、Y的边际密度函数为

$$p_X(x)=\int_{-\infty}^{+\infty}p(x,\ y)\mathrm{d}y,\ x\in R$$

$$p_Y(y)=\int_{-\infty}^{+\infty}p(x,\ y)\mathrm{d}x,\ y\in R$$

1.2.3.1.3 条件分布

设 $(X,\ Y)$ 为二维离散型随机变量，联合概率分布为

$$P(X=x_i,\ Y=y_j)=p_{ij},\ i,\ j=1,\ 2,\ \cdots$$

则在条件 $X=x_i(i=1,\ 2,\ \cdots)$ 下，Y取值的条件分布为

$$P(Y=y_j|X=x_i)=\frac{p_{ij}}{p_{i\cdot}},\ j=1,\ 2,\ \cdots$$

在条件 $Y=y_j(j=1,\ 2,\ \cdots)$ 下，X取值的条件分布为

$$P(X=x_i|Y=y_j)=\frac{p_{ij}}{p_{\cdot j}},\ i=1,\ 2,\ \cdots$$

设连续型随机变量 $(X,\ Y)$ 的联合概率密度函数为 $p(x,\ y)$，X的边际概率密度函数为 $p_X(x)$，Y的边际概率密度函数为 $p_Y(y)$，则在条件 $Y=y$ 下，X的条件概率密度函数为 $p_{X|Y}(x|y)=\dfrac{p(x,\ y)}{p_Y(y)}$，$x\in R$；在条件 $X=x$ 下，Y的条件概率密度函数为 $p_{Y|X}(y|x)=\dfrac{p(x,\ y)}{p_X(x)}$，$y\in R$。

1.2.3.1.4 常见的二维分布

1.2.3.1.4.1 均匀分布

如果G是平面上的一个有界区域，其面积为 S_G，且 $S_G\neq 0$。若二维连续型随机变量 $(X,\ Y)$ 的联合概率密度函数为

$$p(x,\ y)=\begin{cases}\dfrac{1}{S_G},\ x\in G\\ 0,\ x\notin G\end{cases}$$

则称 $(X,\ Y)$ 服从区域G上的二维均匀分布。

1.2.3.1.4.2 正态分布

若二维连续型随机变量 $(X,\ Y)$ 的联合概率密度函数为

$$p(x,\ y)=\frac{1}{2\pi\sigma_1\sigma_2\sqrt{1-\rho^2}}e^{-\frac{1}{2(1-\rho^2)}\left[\frac{(x-\mu_1)^2}{\sigma_1^2}-\frac{2\rho(x-\mu_1)(y-\mu_2)}{\sigma_1\sigma_2}+\frac{(y-\mu_2)^2}{\sigma_2^2}\right]}$$

其中，μ_1，μ_2，$\sigma_1>0$，$\sigma_2>0$，$|\rho|<1$且都为参数，则称 $(X,\ Y)$ 服从二维正态分布，记作 $(X,\ Y)\sim N(\mu_1,\ \mu_2,\ \sigma_1^2,\ \sigma_2^2,\ \rho)$。

1.2.3.1.5 联合分布函数及其性质

如果(X, Y)是二维随机变量，x和y是任意的实数，事件$(X \leqslant x, Y \leqslant y)$的概率$P(X \leqslant x, Y \leqslant y)$是$x$，$y$的函数，则称二元函数$F(x, y)=P(X \leqslant x, Y \leqslant y)$为二维随机变量$(X, Y)$的联合分布函数。

联合分布函数$F(x, y)$具有下述性质：

性质 1 $0 \leqslant F(x, y) \leqslant 1$。

性质 2 对任意的x和y，有

$$F(-\infty, y)=F(x, -\infty)=F(-\infty, -\infty)=0, F(+\infty, +\infty)=1。$$

性质 3 F(x, y)对x或y都是单调递减的。

性质 4 F(x, y)对x或y都是右连续的，即有$\lim\limits_{x \to x_0^+} F(x, y)=F(x_0, y)$，$\lim\limits_{x \to y_0^+} F(x, y)=F(x, y_0)$。

1.2.3.2 随机变量的独立性

1.2.3.2.1 随机变量的独立

设$F(x, y)$、$F_X(x)$、$F_Y(y)$分别是二维随机变量(X, Y)的联合分布函数及边际分布函数。若对于所有的实数x、y，有$F(x, y)=F_X(x)F_Y(y)$，即

$$P(X \leqslant x, Y \leqslant y)=P(X \leqslant x)P(Y \leqslant y)$$

则称随机变量X和Y相互独立。

1.2.3.2.2 离散型随机变量的独立

对于二维离散型随机变量(X, Y)，X和Y相互独立的条件等价于：对于(X, Y)所有可能的取值(x_i, y_j)，都有

$$P(X=x_i, Y=y_j)=P(X=x_i)P(Y=y_j), i, j=1, 2, \cdots$$

简记为：$p_{ij}=p_{i\cdot}\, p_{\cdot j}$。

1.2.3.2.3 连续型随机变量的独立

对于二维连续型随机变量(X, Y)，X和Y相互独立的条件等价于：对于几乎所有的x、y，有$p(x, y)=p_X(x)p_Y(y)$（其中使等式不成立的点的集合称为零测集）。

1.2.4 随机变量的数字特征

1.2.4.1 随机变量的数字特征

1.2.4.1.1 数学期望

设X是离散型随机变量，其概率分布为$P(X=x_i)=p_i$，$i=1, 2, \cdots$，若级数$\sum\limits_i x_i p_i$

绝对收敛，则称之为随机变量 X 的数学期望，记作 $E(X)$ ，即 $E(X) = \sum_i x_i p_i$ 。

设 X 是连续型随机变量，其概率密度函数为 $p(x)$ ，如果 $\int_{-\infty}^{+\infty} xp(x)dx$ 绝对收敛，则称之为 X 的数学期望，记作 $E(X)$ ，即 $E(X) = \int_{-\infty}^{+\infty} xp(x)\mathrm{d}x$ 。

数学期望的性质：

性质1　$E(C) = C$（C 为常数）。

性质2　$E(CX) = CE(X)$ 。

性质3　$E(X + Y) = E(X) + E(Y)$ ，$E\left(\sum_{i=1}^{n} C_i X_i\right) = \sum_{i=1}^{n} C_i E(X_i)$ 。

性质4　若 X 和 Y 相互独立，则 $E(XY) = E(X)E(Y)$ 。

性质5　若 $Y = g(X)$ ，则

当 X 为离散型随机变量时，概率分布为 $P(X = x_i) = p_i$，$i = 1, 2, \cdots$，$E(Y) = \sum_i^{\infty} g(x_i)p_i$ ；

当 X 为连续型随机变量时，概率密度函数为 $p(x)$，$-\infty < x < +\infty$，$E(Y) = \int_{-\infty}^{+\infty} g(x)p(x)\mathrm{d}x$ 。

1.2.4.1.2　方差

设 X 为随机变量，若 $E(X - EX)^2$ 存在，称之为 X 的方差，记作 $D(X)$ ，即 $D(X) = E[X - E(X)]^2$ 称 $\sqrt{D(X)}$ 为 X 的标准差。

方差的性质：

性质1　$D(C) = 0$（C 为常数）。

性质2　$D(CX) = C^2 D(X)$ 。

性质3　$DX = E(X^2) - [E(X)]^2$。

性质4　若 X 和 Y 相互独立，则 $D(X + Y) = D(X) + D(Y)$ 。

1.2.4.1.3　常见分布的数学期望和方差

1.2.4.1.3.1　0-1 分布

概率分布为 $P(X = k) = p^k(1 - p)^{1-k}$，其中 $k = 0, 1$，$0 < p < 1$，则 $E(X) = p$，$D(X) = pq$ 。

1.2.4.1.3.2　二项分布

概率分布为 $P(X = k) = C_n^k p^k (1 - p)^{n-k}$，其中 $k = 0, 1, 2, \cdots, n$，$0 < p < 1$，则 $E(X) = np$，$D(X) = npq$ 。

1.2.4.1.3.3　泊松分布

概率分布为 $P(X = k) = \frac{\lambda^k}{k!}e^{-\lambda}$，其中 $k = 0, 1, 2, \cdots$，$\lambda > 0$，则 $E(X) = \lambda$，$D(X) = \lambda$ 。

1.2.4.1.3.4　均匀分布

概率密度函数为 $p(x)=\begin{cases}\dfrac{1}{b-a}, & a \leqslant x \leqslant b \\ 0, & \text{其他}\end{cases}$，则 $E(X)=\dfrac{a+b}{2}$，$D(X)=\dfrac{(b-a)^2}{12}$。

1.2.4.1.3.5　指数分布

概率密度函数为 $p(x)=\begin{cases}\lambda e^{-\lambda x}, & x \geqslant 0 \\ 0, & x<0\end{cases}$，其中 $\lambda>0$，则 $E(X)=\dfrac{1}{\lambda}$，$D(X)=\dfrac{1}{\lambda^2}$。

1.2.4.1.3.6　正态分布

概率密度函数为 $p(x)=\dfrac{1}{\sqrt{2\pi}\sigma}e^{-\frac{(x-\mu)^2}{2\sigma^2}}(-\infty<x<+\infty)$，其中 μ 和 σ 均为常数，则

$$E(X)=\mu \qquad D(X)=\sigma^2$$

1.2.4.2　二维随机变量的数字特征

1.2.4.2.1　协方差

称 $E[(X-E(X))(Y-E(Y))]$ 为随机变量 X 与 Y 的协方差，记为 $\mathrm{cov}(X, Y)$，即

$$\mathrm{cov}(X, Y)=E[(X-E(X))(Y-E(Y))]$$

协方差的性质：

性质 1　$\mathrm{cov}(X, Y)=\mathrm{cov}(Y, X)$。

性质 2　$\mathrm{cov}(aX, bY)=ab\mathrm{cov}(X, Y)$（$a$，$b$ 为常数）。

性质 3　$\mathrm{cov}(X_1+X_2, Y)=\mathrm{cov}(X_1, Y)+\mathrm{cov}(X_2, Y)$。

性质 4　$\mathrm{cov}(X, Y)=E(XY)-E(X)E(Y)$。

性质 5　$D(X+Y)=D(X)+D(Y)+2\mathrm{cov}(X, Y)$。

1.2.4.2.2　相关系数

设 X 与 Y 是两个随机变量，$D(X)>0$，$D(Y)>0$，则称

$$\rho_{XY}=\frac{\mathrm{cov}(X, Y)}{\sqrt{D(X)}\sqrt{D(Y)}}$$

为 X 与 Y 的相关系数。

设 ρ_{XY} 是 X 与 Y 的相关系数，则有

性质 1　$|\rho_{XY}| \leqslant 1$。

性质 2　如果 X 与 Y 相互独立，则 $\rho_{XY}=0$。

性质 3　$|\rho_{XY}|=1$ 的充要条件是存在常数 a，b 使 $P(Y=a+bX)=1$。

1.2.4.2.3　原点矩、中心距和混合原点矩

1.2.4.2.3.1　原点矩

随机变量 X 的 k 次幂的数学期望叫作随机变量 X 的 k 阶原点矩，记作 $\mu_k = E(X^k)$ 。

对于离散随机变量，$\mu_k = \sum_i x_i^k p_i$ ；对于连续随机变量，$\mu_k = \int_{-\infty}^{+\infty} x^k p(x)\mathrm{d}x$ 。

显然，一阶原点矩就是数学期望，即 $\mu_1 = E(X)$ 。

1.2.4.2.3.2　中心矩

随机变量 X 的离差的 k 次幂的数学期望叫作随机变量 X 的 k 阶中心矩，记作

$$\upsilon_k = E(X - E(X))^k$$

对于离散随机变量，$\upsilon_k = \sum_i (x_i - E(X))^k p_i$ ；对于连续随机变量，$\upsilon_k = \int_{-\infty}^{+\infty} (x - E(X))^k p(x)\mathrm{d}x$ 。

显然，一阶中心矩恒等于零，即 $\upsilon_1 = 0$，二阶中心矩就是方差，即 $\upsilon_2 = D(X)$ 。

1.2.4.2.3.3　混合原点矩

对于随机变量 X 与 Y ，若 $E(X^k Y^l)$ 存在，则称之为 X 与 Y 的 $k+l$ 阶混合原点矩，记为 μ_{kl} ，即 $\mu_{kl} = E(X^k Y^l)$ 。

1.2.5　大数定律与中心极限定理

1.2.5.1　切比雪夫不等式

设 X 的数学期望与方差都存在，则对任意 $\varepsilon > 0$，有

$$P(|X - E(X)| \geqslant \varepsilon) \leqslant \frac{D(X)}{\varepsilon^2}$$

1.2.5.2　大数定律

设 X_1，X_2，…，X_n 及 X 为定义在同一概率空间 (Ω, F, P) 上的一列数学期望存在的随机变量，若 $\frac{1}{n}\left[\sum_{i=1}^{n} X_i - \sum_{i=1}^{n} E(X_i)\right] \xrightarrow[n \to \infty]{P} 0$，则称 X_1，X_2，…，X_n 服从弱大数定律，简称服从大数定律。

切比雪夫大数定律：设 X_1，X_2，…，X_n 及 X 为定义在同一概率空间 (Ω, F, P) 上的一列相互独立、数学期望与方差存在且方差一致有界的随机变量，则 X_1，X_2，…，X_n 服从大数定律。

伯努利大数定律：在独立试验序列中，当试验次数 n 无限增加时，事件 A 发生的频率

$\frac{X}{n}$（X 是 n 次试验中事件 A 发生的次数）满足

$$\frac{X}{n}=\frac{X_1+X_1+\cdots+X_n}{n}\xrightarrow[n\to\infty]{P}p$$

其中 $P(A)=p$，$X_i(i=1, 2, \cdots, n)$ 是第 i 次试验 A 发生的次数，满足参数为 p 的0–1分布。

辛钦大数定律：如果 X_1，X_2，…，X_n 是相互独立并且具有相同分布的随机变量，服从大数定律的充分必要条件是 X_i 的数学期望有限。

1.2.5.3 中心极限定理

1.2.5.3.1 林德贝格—列维中心极限定理

设随机变量 X_1，X_2，…，X_n 独立同分布，且数学期望和方差存在，即

$$E(X_i)=\mu D(X_i)=\sigma^2 \quad (i=1, 2, \cdots, n)$$

令 $Y=\frac{\sum_{i=1}^{n}X_i-n\mu}{\sqrt{n}\sigma}$，则有 $\lim_{n\to\infty}P(Y\leqslant x)=\frac{1}{\sqrt{2\pi}}\int_{-\infty}^{x}e^{-\frac{t^2}{2}}\mathrm{d}t=\Phi(x)$。

1.2.5.3.2 棣莫佛—拉普拉斯中心极限定理

设 $X\sim B(n, p)$ 则

1.2.5.3.2.1 局部极限定理

当 $n\to\infty$ 时，$P(X=k)=\frac{1}{\sqrt{2\pi npq}}e^{-\frac{(k-np)^2}{2npq}}=\frac{1}{\sqrt{npq}}\varphi\left(\frac{k-np}{\sqrt{npq}}\right)$

1.2.5.3.2.2 积分极限定理

当 $n\to\infty$ 时，$P(a<X<b)=\Phi\left(\frac{b-np}{\sqrt{npq}}\right)-\Phi\left(\frac{a-np}{\sqrt{npq}}\right)$

1.3 实验过程

1.3.1 排列数、组合数计算实验

1.3.1.1 实验目的

（1）掌握排列数和组合数的计算方法。

（2）会用MATLAB计算排列数、组合数。

1.3.1.2　实验要求

（1）用MATLAB中的命令factorial（n）、nchoosek（n，k）求排列数和组合数。
（2）说明函数factorial（n）是计算n的阶乘，函数nchoosek（n，k）是计算n中取k的组合。

1.3.1.3　实验内容

函数：nchoosek factorial
调用格式：
"≫N=" nchoosek（n，k）：用于计算组合数 C_n^k 。
"≫N=" factorial（n）：用于计算排列数 $n!$。

【例1.1】　计算组合数 C_{15}^8。
解：
输入程序：
≫ N = nchoosek（15，8）
运行程序后得到：
N=6435

【例1.2】　计算排列数12！　。
解：
输入程序：
≫N=factorial（12）
运行程序后得到：
N=479001600

计算排列数 A_n^k 时，只需根据排列数与组合数之间的关系，使用函数nchoosek（n，k）* factorial（k）即可。

【例1.3】　计算排列数 A_{10}^7。
解：
输入程序：
≫N=nchoosek（10，7）* factorial（7）
运行程序后得到：
N=720

1.3.2 概率计算实验

1.3.2.1 实验目的

(1) 熟悉概率的概念和性质。
(2) 掌握概率的计算方法，并通过实例加深对概率概念和性质的理解。
(3) 会用 MATLAB 命令求概率。

1.3.2.2 实验要求

掌握概率的计算方法，会用 MATLAB 命令求概率。

1.3.2.3 实验内容

函数：nchoosek
　　　factorial
调用格式：P=nchoosek（n，k）
　　　　　factorial（n）
　　　　　prod

【例 1.4】 袋子中有 10 个球，其中 7 个白球，3 个黑球。在放回的情况下，分三次取球，每次取一个，要求回答以下问题：
(1) 第三次摸到了黑球的概率；
(2) 第三次才摸到黑球的概率；
(3) 三次都摸到了黑球的概率。
解：
在将球放回的情况下，由于三次摸球互不影响，因此三次摸球相互独立，从理论上可以求得：

(1) 第三次摸到了黑球的概率为 $\frac{3}{10}=0.3$；

(2) 第三次才摸到黑球的概率为 $\frac{7}{10}\times\frac{7}{10}\times\frac{3}{10}=0.147$；

(3) 三次都摸到了黑球的概率为 $\frac{3}{10}\times\frac{3}{10}\times\frac{3}{10}=0.027$。

在 MATLAB 中模拟这一过程时，可在［0，1］区间产生三次随机数来模拟三次摸球，当随机数小于0.7时认为摸到了白球，否则认为摸到了黑球。分别做10，10^2，…，10^6次试验，上述三种情况出现的概率对应的程序如下：

（1）输入程序：

```
a=round（rand（1000000，3）-0.2）；
for i=1：6
      b=a（1：10^i，3）；
      c（i）=sum（b）/（10^i）
end
c
```

运行后结果为：

c=0.4000　0.2900　0.3330　0.3051　0.2995　0.2994

可见随着试验次数的增加，其结果收敛于理论值0.3。

（2）输入程序：

```
for i=1：6
b=（~a（1：10^i，1））&（~a（1：10^i，2））&（~a（1：10^i，3））；
d（i）=sum（b）/（10^i）
end
d
```

运行后结果为：

d=0.1000　0.1300　0.1690　0.1492　0.1469　0.1465

可见随着试验次数的增加，其结果收敛于理论值0.147。

（3）输入程序：

```
for i=1：6
b=a（1：10^i，1）&a（1：10^i，2）&a（1：10^i，3）；
e（i）=sum（b）/（10^i）
end
e
```

运行后结果为：

e=0.0000　0.0000　0.0180　0.0276　0.0272　0.0270

可见随着试验次数的增加，其结果收敛于理论值0.027。

【例1.5】　设n个人中每个人的生日在一年365天中任意一天是等可能的，当n为40或55时，n个人生日各不相同的概率分别是多少？

解：

n个人的生日各不相同的概率为$\frac{365 \times 364 \times \cdots \times (365 - n + 1)}{365^n}$。

输入命令：

```
≫n=40;
P=nchoosek (365, n) * factorial (n) /365^n
```

运行结果：

```
P =0.1088
≫n=55;
P=nchoosek (365, n) * factorial (n) /365^n
```

运行结果：

```
P =0.0137
```

【例1.6】 某地区应届初中毕业生有70%报考普通高中、20%报考中专、10%报考职业高中，录取率分别为90%、75%、85%，要求回答以下问题：

（1）试求随机调查一名学生，他如愿以偿的概率；

（2）已知某学生被录取，求此学生报考普通高中、中专、职业高中的概率。

解：

（1）输入命令：

```
≫a= [0.7, 0.2, 0.1];
≫b= [0.9, 0.75, 0.85];
≫p1=dot (a, b)
```

运行结果：

```
p1=0.8650
```

（2）输入命令：

```
≫a= [0.7, 0.2, 0.1];
≫b= [0.9, 0.75, 0.85];
≫p1=dot (a, b)
≫ p2=a.*b/p1
```

运行结果：

```
p2 =0.7283   0.1734   0.0983
```

1.3.3 常见分布的概率密度值与分布函数生成实验

1.3.3.1 实验目的

（1）利用MATLAB软件计算离散型随机变量的概率及概率分布、连续型随机变量的概率密度值。

（2）会利用 MATLAB 软件计算分布函数值，即计算事件 $\{X \leqslant x\}$ 的概率。

（3）会求 α 分位数以及分布函数的反函数值即逆累积分布函数值。

1.3.3.2 实验要求

（1）掌握常见分布的概率分布和概率密度的命令。

（2）掌握常见分布的分布函数命令。

（3）掌握常见分布的反函数值。

1.3.3.3 实验内容

1.3.3.3.1 计算常见分布的概率密度值

通用函数计算概率密度函数值

函数：pdf

调用格式：Y=pdf（name，K，A）

Y=pdf（name，K，A，B）

Y=pdf（name，K，A，B，C）

说明返回在 X=K 处，参数为 A、B、C 的概率密度值，在不同的分布中，参数个数是不同的。name 为分布函数名，其取值见表 1-1。表 1-2 显示了参数不同的专用函数及计算其概率密度函数的调用形式。

表 1-1 常见分布的 MATLAB 名称表

name 的取值			函数说明
'bino'	或	'Binomial'	二项分布
'poiss'	或	'Poisson'	泊松分布
'nbin'	或	'Negative Binomial'	负二项式分布
'unid'	或	'Discrete Uniform'	离散均匀分布
'geo'	或	'Geometric'	几何分布
'hyge'	或	'Hypergeometric'	超几何分布
'unif'	或	'Uniform'	均匀分布
'exp'	或	'Exponential'	指数分布
'norm'	或	'Normal'	正态分布
'logn'	或	'Lognormal'	对数正态分布
'chi2'	或	'Chisquare'	卡方分布

续表

name 的取值			函数说明
't'	或	'T'	T 分布
'f'	或	'F'	F 分布
'ncf'	或	'Noncentral F'	非中心 F 分布
'nct'	或	'Noncentral t'	非中心 t 分布
'ncx2'	或	'Noncentral Chi-square'	非中心卡方分布
'rayl'	或	'Rayleigh'	瑞利分布
'weib'	或	'Weibull'	Weibull 分布或韦伯分布
'gam'	或	'Gamma'	GAMMA 分布
'beta'	或	'Beta'	Beta 分布

表 1-2　专用函数的概率密度函数表

函数名	调用形式	注释
binopdf	binopdf（x，n，p）	参数为 n、p 的二项分布的概率密度函数值
geopdf	geopdf（x，p）	参数为 p 的几何分布的概率密度函数值
hygepdf	hygepdf（x，M，K，N）	参数为 M、K、N 的超几何分布的概率密度函数值
poisspdf	poisspdf（x，Lambda）	参数为 Lambda 的泊松分布的概率密度函数值
nbinpdf	nbinpdf（x，R，P）	参数为 R、P 的负二项式分布的概率密度函数值
unifpdf	unifpdf（x，a，b）	[a，b] 上均匀分布（连续）概率密度在 X=x 处的函数值
unidpdf	unidpdf（x，n）	均匀分布（离散）的概率密度函数值
exppdf	exppdf（x，Lambda）	参数为 Lambda 的指数分布的概率密度函数值
normpdf	normpdf（x，mu，sigma）	参数为 mu、sigma 的正态分布的概率密度函数值
chi2pdf	chi2pdf（x，n）	自由度为 n 的卡方分布的概率密度函数值
tpdf	tpdf（x，n）	自由度为 n 的 t 分布的概率密度函数值
fpdf	fpdf（x，n_1，n_2）	第一自由度为 n_1，第二自由度为 n_2 的 F 分布的概率密度函数值
gampdf	gampdf（x，a，b）	参数为 a、b 的 γ 分布的概率密度函数值
betapdf	betapdf（x，a，b）	参数为 a、b 的 β 分布的概率密度函数值
lognpdf	lognpdf（x，mu，sigma）	参数为 mu、sigma 的对数正态分布的概率密度函数值
ncfpdf	ncfpdf（x，n_1，n_2，delta）	参数为 n_1、n_2、delta 的非中心 F 分布的概率密度函数值
nctpdf	nctpdf（x，n，delta）	参数为 n、delta 的非中心 t 分布的概率密度函数值
ncx2pdf	ncx2pdf（x，n，delta）	参数为 n、delta 的非中心卡方分布的概率密度函数值
raylpdf	raylpdf（x，b）	参数为 b 的瑞利分布的概率密度函数值
weibpdf	weibpdf（x，a，b）	参数为 a、b 的韦伯分布的概率密度函数值

【例1.7】 已知 $X \sim B(10, 0.7)$，求 $P\{X=6\}$。

解：

输入程序：

```
>> binopdf (6, 10, 0.7)
```

该调用格式等同于 pdf ('bino', 6, 10, 0.7)

运行程序后得到：

ans=0.2001

【例1.8】 已知 $X \sim \pi(7)$，求 $P\{X=6\}$。

解：

输入程序：

```
>> poisspdf (6, 7)
```

运行程序后得到：

ans=0.1490

【例1.9】 已知 $X \sim U(2, 7)$，求 $p(3)$。

解：

输入程序：

```
>> unifpdf (3, 2, 7)
```

运行程序后得到：

ans=0.2000

【例1.10】 已知 $X \sim \mathrm{EXD}(5)$，求 $p(3)$。

解：

输入程序：

```
>> exppdf (3, 5)
```

运行程序后得到：

ans=0.1098

【例1.11】 已知 $X \sim N(5, 2)$，求 $p(3)$。

解：

输入程序：

```
>> normpdf (3, 5, 2)
```

运行程序后得到：

ans=0.1210

1.3.3.3.2　计算二维随机变量在指定位置处的概率密度函数值与边际概率密度函数

利用 MATLAB 提供的 mvnpdf 函数可以计算二维正态分布随机变量在指定位置处的概

率密度函数值，其命令如下：

mvnpdf（x，mu，sigma）：输出均值为 mu、协方差矩阵为 sigma 的正态分布函数在 x 处的值。

利用 MATLAB 提供的 int 函数可以求定积分，其命令如下：“int（f，x，a，b）：表示求函数 f 对符号变量 X 从 a 到 b 的定积分”。

【例 1.12】 求均值为（0，0）、协方差矩阵为 $\begin{pmatrix}1 & 0\\0 & 1\end{pmatrix}$ 的二维正态分布概率密度函数在（1，2）处的值。

解：

输入程序：

```
≫mvnpdf（［1，2］，［0，0］，［1 0；0 1］）
```

运行程序后得到：

```
ans=0.0131
```

【例 1.13】 绘制出均值为（0，0）、协方差矩阵为 $\begin{pmatrix}0.25 & 0.3\\0.3 & 1\end{pmatrix}$ 的二维正态分布的概率密度函数曲面。

解：

输入程序：

```
≫mu=［0，0］；
≫sigma=［0.25 0.3；0.3 1］；
≫x=-3：0.1：3；y=-3：0.15：3；
≫［x1，y1］=meshgrid（x，y）；
≫f=mvnpdf（［x1（:），y1（:）］，mu，sigma）；
≫F=reshape（f，numel（y），numel（x））；
≫surf（x，y，F）
```

运行程序后得到图 1-1。

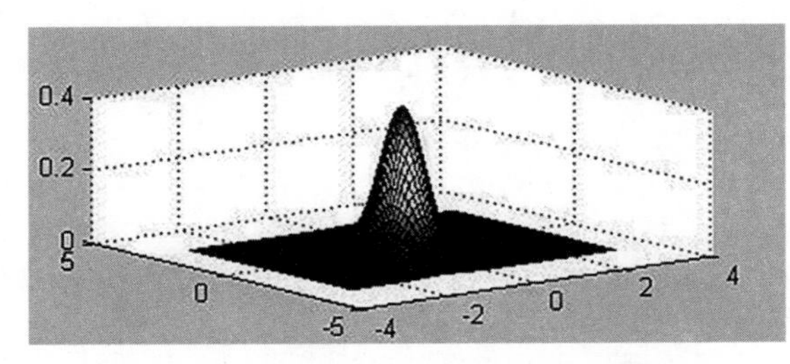

图 1-1 二维正态分布的概率密度函数曲面

【例 1.14】 设（X，Y）具有概率密度 $p(x, y)=\begin{cases}cx^2y, & x^2 \leqslant y \leqslant 1\\0, & 其他\end{cases}$，要求回答以下问题：

（1）确定常数 c；

（2）求边际概率密度 $p_X(x)$ 和 $p_Y(y)$ 。

解：

（1）输入程序：

```
syms x y c
fxy=c*x^2*y;
g=int (int (fxy, y, x, 1), x, -1, 1);
c=double (solve (g==1) )
```

运行程序后得到：

```
c=5.25
```

（2）输入程序：

```
syms x y
fxy=5.25*x*x*y;
fx=int (fxy, y, x*x, 1)
fy=int (fxy, x, -sqrt (y), sqrt (y) )
```

运行程序后得到：

```
fx=21/8*x^2* (1-x^4)
fy=7/2*y^ (5/2)
```

所以 $p_X(x)=\begin{cases}\dfrac{21}{8}x^2(1-x^4), & -1\leqslant x\leqslant 1\\ 0, & \text{其他}\end{cases}$，$p_Y(y)=\begin{cases}\dfrac{7}{2}y^{\frac{5}{2}}, & 0\leqslant y\leqslant 1\\ 0, & \text{其他}\end{cases}$ 。

1.3.3.3.3　计算随机变量的累积概率值（分布函数值）

命令：通用函数 cdf 用来计算随机变量 $X\leqslant x$ 的概率（累积概率值）

函数：cdf

调用格式：cdf ('name', K, A)

　　　　　cdf ('name', K, A, B)

　　　　　cdf ('name', K, A, B, C)

说明：返回以 name 为分布、随机变量 $X\leqslant x$ 的概率值，name 的取值见表 1-3。

表 1-3　专用函数的分布函数表

函数名	调用形式	注释
binocdf	binocdf (x, n, p)	参数为 n、p 的二项分布的分布函数值 F (x) = P {X≤x}
geocdf	geocdf (x, p)	参数为 p 的几何分布的分布函数值 F (x) = P {X≤x}
hygecdf	hygecdf (x, M, K, N)	参数为 M、K、N 的超几何分布的分布函数值
poisscdf	poisscdf (x, Lambda)	参数为 Lambda 的泊松分布的分布函数值 F (x) = P {X≤x}

续表

函数名	调用形式	注释
nbincdf	nbincdf (x, R, P)	参数为R、P的负二项式分布的分布函数值F(x)=P{X≤x}
normcdf	normcdf (x, mu, sigma)	参数为mu、sigma的正态分布的分布函数值F(x)=P{X≤x}
chi2cdf	chi2cdf (x, n)	自由度为n的卡方分布的分布函数值F(x)=P{X≤x}
tcdf	tcdf (x, n)	自由度为n的t分布的分布函数值F(x)=P{X≤x}
fcdf	fcdf (x, n_1, n_2)	第一自由度为n_1，第二自由度为n_2的F分布的分布函数值
gamcdf	gamcdf (x, a, b)	参数为a、b的γ分布的分布函数值F(x)=P{X≤x}
betacdf	betacdf (x, a, b)	参数为a、b的β分布的分布函数值F(x)=P{X≤x}
logncdf	logncdf (x, mu, sigma)	参数为mu、sigma的对数正态分布的分布函数值
ncfcdf	ncfcdf (x, n_1, n_2, delta)	参数为n_1、n_2、delta的非中心F分布的分布函数值
nctcdf	nctcdf (x, n, delta)	参数为n、delta的非中心t分布的分布函数值F(x)=P{X≤x}
ncx2cdf	ncx2cdf (x, n, delta)	参数为n、delta的非中心卡方分布的分布函数值
raylcdf	raylcdf (x, b)	参数为b的瑞利分布的分布函数值F(x)=P{X≤x}
weibcdf	weibcdf (x, a, b)	参数为a、b的韦伯分布的分布函数值F(x)=P{X≤x}

【例1.15】 已知 $X \sim B(10, 0.7)$，求 $P\{X \leqslant 6\}$。

解:

输入程序:

≫binocdf (6, 10, 0.7)

调用格式等同于cdf ('bino', 6, 10, 0.7)

运行程序后得到:

ans=0.3504

【例1.16】 已知 $X \sim \pi(7)$，求 $P\{X \leqslant 6\}$。

解:

输入程序:

≫poisscdf (6, 7)

运行程序后得到:

ans=0.4497

【例1.17】 已知 $X \sim U(2, 7)$，求 $P\{X \leqslant 4.5\}$。

解:

输入程序:

≫unifcdf (4.5, 2, 7)

运行程序后得到:

ans=0.5000

【例1.18】 已知 $X \sim \exp(5)$ ，求 $P\{X \leqslant 3\}$ 。

解：

输入程序：

```
>> expcdf (3, 5)
```

运行程序后得到：

```
ans=0.4512
```

【例1.19】 已知 $X \sim N(0, 1)$ ，求 $P\{X \leqslant 1.5\}$ 。

解：

输入程序：

```
>> normcdf (1.5, 0, 1)    %该值参见《概率论与数理统计》（茆诗松、周纪芗，中
                           国统计出版社，2007）的附表：标准正态数值表。
```

运行程序后得到：

```
ans=0.9332
```

【例1.20】 设 $X \sim N(3, 2)$ ，求 $P\{X \leqslant 0.5\}$ ，$P\{2 < X < 5\}$ ，$P\{-4 < X < 10\}$ ，$P\{|X| > 2\}$ 。

解：

设 p1= $P\{X \leqslant 0.5\}$ ，P2= $P\{2 < X < 5\}$ ，P3= $P\{-4 < X < 10\}$ ，

P4= $P\{|X| > 2\} = 1 - P\{|X| \leqslant 2\}$ 。

则有：

```
>>p1=normcdf (0.5, 3, 2)
P1=0.1056
>>p2=normcdf (5, 3, 2) -normcdf (2, 3, 2)
P2=0.5328
>>p3=normcdf (10, 3, 2) -normcdf (-4, 3, 2)
p3=0.9995
>>p4=1-normcdf (2, 3, 2) -normcdf (-2, 3, 2)
P4=0.6853
```

【例1.21】 求自由度为16的卡方分布随机变量落在［0，6.91］内的概率。

解：

输入程序：

```
>> cdf ('chi2', 6.91, 16)
ans =0.0250
```

即 $P\{0 \leqslant \chi^2(16) \leqslant 6.91\} = 0.0250$。

1.3.3.3.4 随机变量的分位数x（逆累积分布函数值的计算）

利用MATLAB计算 α 分位数 x ，即已知 $F(x) = P\{X \leqslant x\} = \alpha$ ，求 x。

逆累积分布函数值的计算有两种方法。

1.3.3.3.4.1 通用函数计算逆累积分布函数值

命令：icdf 计算逆累积分布函数

格式：icdf（'name'，P，a1，a2，a3）

说明：返回分布为 name，参数为 a_1、a_2、a_3，累积概率值为 P 的临界值，这里 name 的取值与前文表 1-1 相同。

如果 $P = cdf('name', x, a_1, a_2, a_3)$，则 $x = icdf('name', P, a_1, a_2, a_3)$。

【例 1.22】 在标准正态分布表中，若已知 $\Phi(x) = 0.975$，求 x。

解：

输入程序：

```
>>x=icdf（'norm'，0.975，0，1）
x=1.9600
```

【例 1.23】 在χ^2 分布表中，若自由度为 10，α =0.975，求临界值 Lambda。

解：因为表中给出的值满足 $P\{\chi^2 > \text{Lambda}\} = \alpha$，而逆累积分布函数 icdf 求满足 $P\{\chi^2 < \text{Lambda}\} = \alpha$ 的临界值 Lambda。所以，这里的 α 取为 0.025，即

输入程序：

```
>>Lambda=icdf（'chi2'，0.025，10）
Lambda =3.2470
```

【例 1.24】 在假设检验中求临界值，已知 $\alpha = 0.05$，求自由度为 10 的双边界检验 t 分布临界值。

解：

输入程序：

```
>>Lambda=icdf（'t'，0.025，10）
Lambda =-2.2281
```

1.3.3.3.4.2 专用函数-inv 计算逆累积分布函数值

命令：正态分布逆累积分布函数

函数：norminv

格式：C=norminv（p，mu，sigma） %p 为累积概率值，mu 为均值，sigma 为标准差，C 为临界值，满足 p=P｛X≤C｝。

【例 1.25】 设 $X \sim N(3, 2^2)$，确定 c 使得 $P\{X > c\} = P\{X < c\}$。

解：由 $P\{X > c\} = P\{X < c\}$ 得，$P\{X > c\} = P\{X < c\} = 0.5$，所以

输入程序：

```
>>C=norminv（0.5，3，2）
C=3
```

专用函数的逆累积分布函数见表 1-4。

表 1-4　专用函数的逆累积分布函数表

函数名	调用形式	注释
binoinv	c=binoinv（x，n，p）	二项分布的逆累积分布函数
geoinv	c=geoinv（x，p）	几何分布的逆累积分布函数
hygeinv	c=hygeinv（x，M，K，N）	超几何分布的逆累积分布函数
poissinv	c=poissinv（x，Lambda）	泊松分布的逆累积分布函数
nbininv	c=nbininv（x，R，P）	负二项式分布的逆累积分布函数
unifinv	c=unifinv（p，a，b）	均匀分布（连续）的逆累积分布函数（P=P｛X≤c｝，求 c）
unidinv	c=unidinv（p，n）	均匀分布（离散）的逆累积分布函数，x 为临界值
expinv	c=expinv（p，Lambda）	指数分布的逆累积分布函数
norminv	c=norminv（x，mu，sigma）	正态分布的逆累积分布函数
chi2inv	c=chi2inv（x，n）	卡方分布的逆累积分布函数
tinv	c=tinv（x，n）	t 分布的逆累积分布函数
finv	c=finv（x，n_1，n_2）	F 分布的逆累积分布函数
gaminv	c=gaminv（x，a，b）	γ 分布的逆累积分布函数
betainv	c=betainv（x，a，b）	β 分布的逆累积分布函数
logninv	c=logninv（x，mu，sigma）	对数正态分布的逆累积分布函数
ncfinv	c=ncfinv（x，n_1，n_2，delta）	非中心 F 分布的逆累积分布函数
nctinv	c=nctinv（x，n，delta）	非中心 t 分布的逆累积分布函数
ncx2inv	c=ncx2inv（x，n，delta）	非中心卡方分布的逆累积分布函数
raylinv	c=raylinv（x，b）	瑞利分布的逆累积分布函数
weibinv	c=weibinv（x，a，b）	韦伯分布的逆累积分布函数

【例 1.26】　公共汽车门的高度是按成年男子与车门顶碰头的机会不超过 1%设计的。设男子身高 X（单位：cm）服从正态分布 $N(175，36)$，求车门的最低高度。

解：

设 h 为车门高度，X 为身高，求满足条件 $P\{X>h\}\leqslant 0.01$ 的 h，即 $P\{X<h\}\geqslant 0.99$，所以

输入程序：

```
>>h=norminv（0.99，175，6）
h=188.9581
```

【例 1.27】 卡方分布的逆累积分布函数的应用。

解：

在 MATLAB 的编辑器下建立 M 文件如下：

```
n=5; a=0.9;   %n 为自由度，a 为置信水平或累积概率
x_ a=chi2inv (a, n);   %x_ a 为临界值
x=0: 0.1: 15; yd_ c=chi2pdf (x, n);   %计算χ²(5) 的概率密度函数值，供绘图用
plot (x, yd_ c,'b'), hold on;   %绘制密度函数图形
xxf=0: 0.1: x_ a; yyf=chi2pdf (xxf, n);   %计算 [0, x_ a] 上的密度函数值，供填色用
fill ( [xxf, x_ a], [yyf, 0], 'g');   %填色，其中，点 (x_ a, 0) 使得填色区域封闭
text (x_ a*1.01, 0.01, num2str (x_ a) );   %标注临界值点
text (10, 0.10, ['\ fontsize {16} X~ {\ chi} ^2 (4)'] );   %图中标注
text (1.5, 0.05, '\ fontsize {22} alpha=0.9' );   %图中标注结果如图 1-2 所示。
```

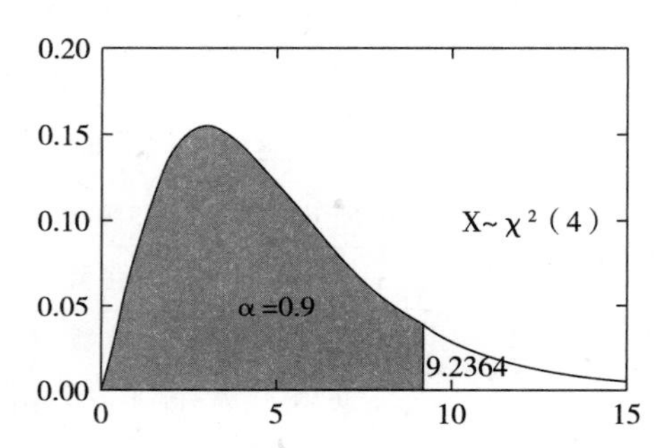

图 1-2 卡方分布的逆累积分布函数图

1.3.4 常见分布的概率分布图实验

1.3.4.1 实验目的

(1) 熟练掌握 MATLAB 软件关于概率分布作图的基本操作。
(2) 会进行常用概率分布的作图。
(3) 掌握 MATLAB 软件中常见分布随机数的产生。

1.3.4.2 实验要求

(1) 掌握 MATLAB 中的画图命令 plot。
(2) 掌握常见分布的概率分布图形的画法。
(3) 掌握常见分布的随机数的产生。

1.3.4.3 实验内容

1.3.4.3.1 常见分布图形的绘制

【例 1.28】 绘制二项分布的概率分布图形（见图 1-3）。

解：

输入程序：

```
≫x = 0：10；
≫y = binopdf (x, 10, 0.5)；
≫plot (x, y,'+')
```

【例 1.29】 绘制卡方分布的概率图形（见图 1-4）。

解：

输入程序：

```
≫ x = 0：0.2：15；
≫y = chi2pdf (x, 4)；
≫plot (x, y)
```

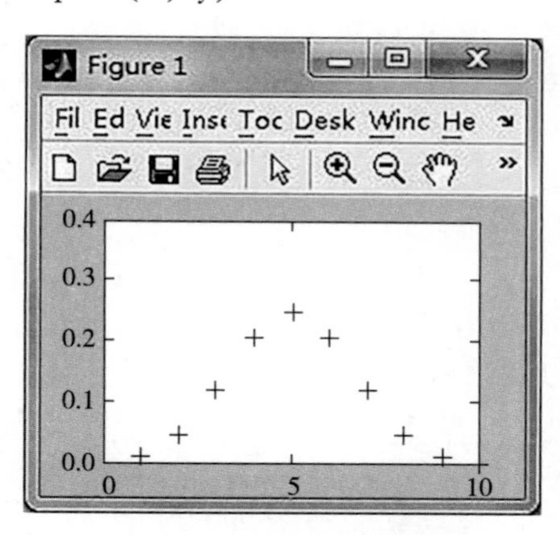

图 1-3 二项分布的概率分布图

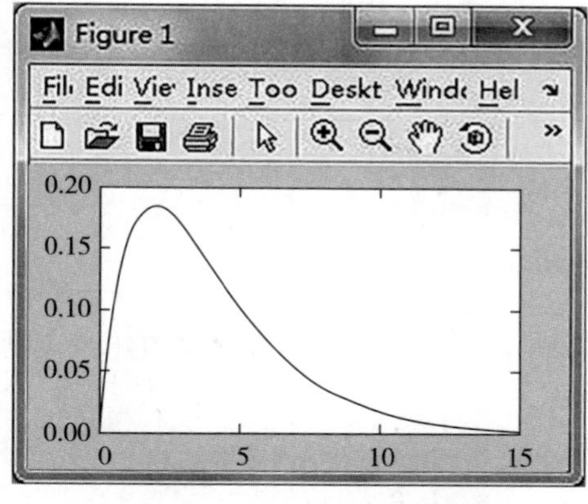

图 1-4 卡方分布的概率分布图

【例 1.30】 绘制指数分布的概率分布图形（见图 1-5）。

解：

输入程序：

```
≫x = 0：0.1：10；
≫y = exppdf (x, 2)；
≫plot (x, y)
```

【例 1.31】 绘制 F 分布的概率分布图形（见图 1-6）。

解：

输入程序：

```
≫x = 0: 0.01: 10;
≫y = fpdf (x, 5, 13);
≫plot (x, y)
```

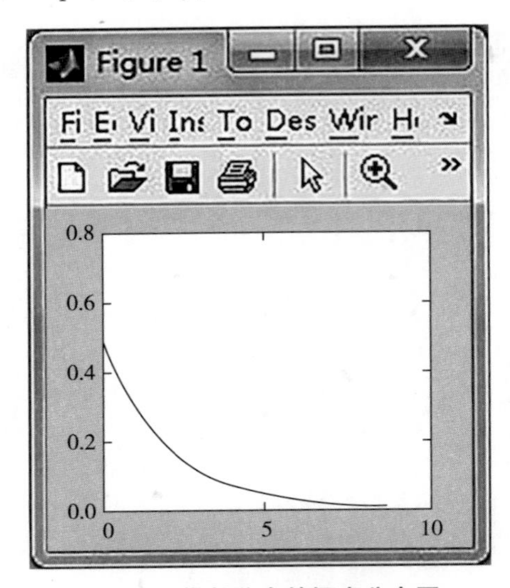

图 1-5　指数分布的概率分布图

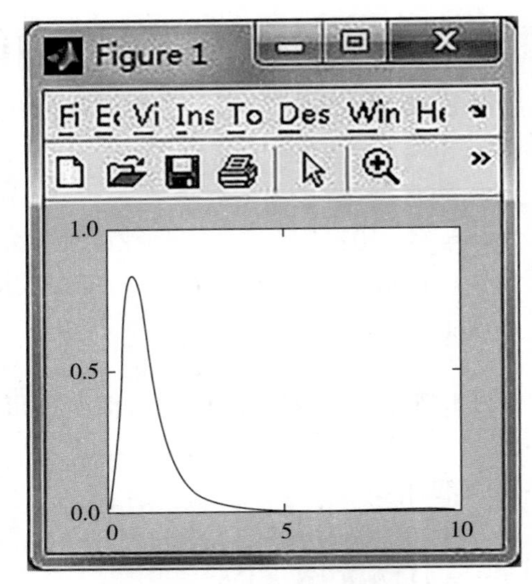

图 1-6　F 分布的概率分布图

【例 1.32】　绘制负二项式分布的概率分布图形（见图 1-7）。

解：

输入程序：

```
≫x = (0: 10);
≫y = nbinpdf (x, 3, 0.5);
≫plot (x, y,'+')
```

【例 1.33】　绘制正态分布的概率分布图形（见图 1-8）。

解：

输入程序：

```
≫x=-3: 0.2: 3;
≫ y=normpdf (x, 0, 1);
≫ plot (x, y)
```

【例 1.34】　绘制泊松分布的概率分布图形（见图 1-9）。

解：

输入程序：

```
≫x = 0: 15;
≫y = poisspdf (x, 5);
≫plot (x, y,'+')
```

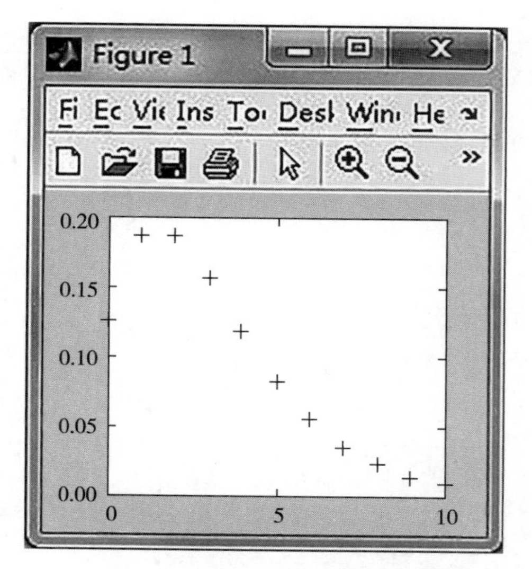

图1-7　负二项式分布的概率分布图

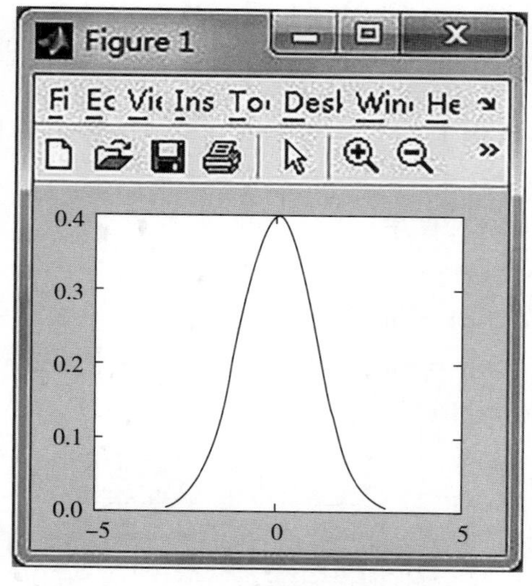

图1-8　正态分布的概率分布图

【例1.35】　绘制T分布的概率分布图形（见图1-10）。

解：

输入程序：

```
≫x = −5：0.1：5；
≫y = tpdf（x，5）；    %T分布函数图像
≫z =normpdf（x，0，1）；    %标准正态分布函数图像
≫plot（x，y,'−'，x，z,'−.'）
```

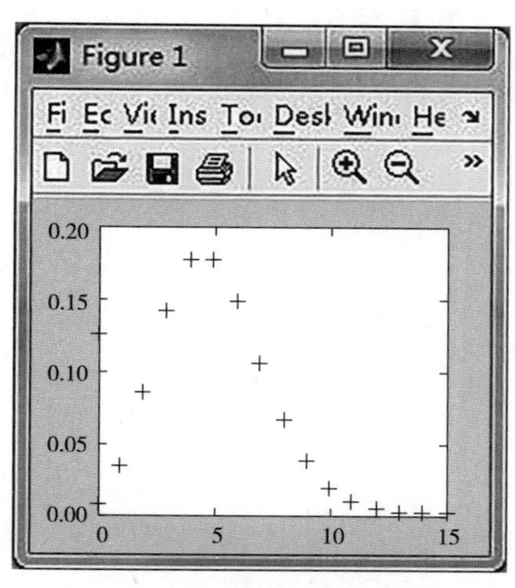

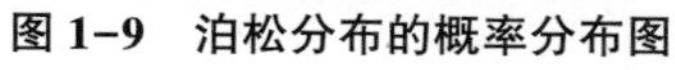
图1-9　泊松分布的概率分布图

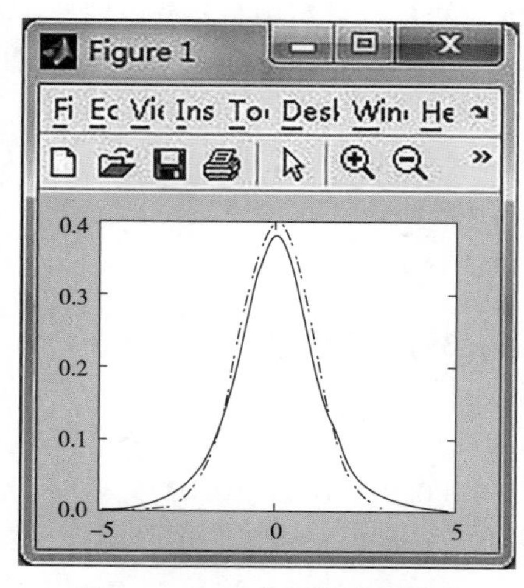

图1-10　T分布的概率分布图

【例1.36】　绘制韦伯分布的概率分布图形（见图1-11）。

解：

输入程序：

```
≫ t=0：0.1：3；
```

```
≫ y=weibpdf (t, 2, 2);
≫ plot (y)
```

【例 1.37】 绘制非中心卡方分布的概率分布图形（见图 1-12）。

解：

输入程序：

```
≫x = (0: 0.1: 10)';
≫p1 = ncx2pdf (x, 4, 2);    %非中心卡方分布
≫p = chi2pdf (x, 4);    %卡方分布
≫plot (x, p,'--', x, p1,'-')
```

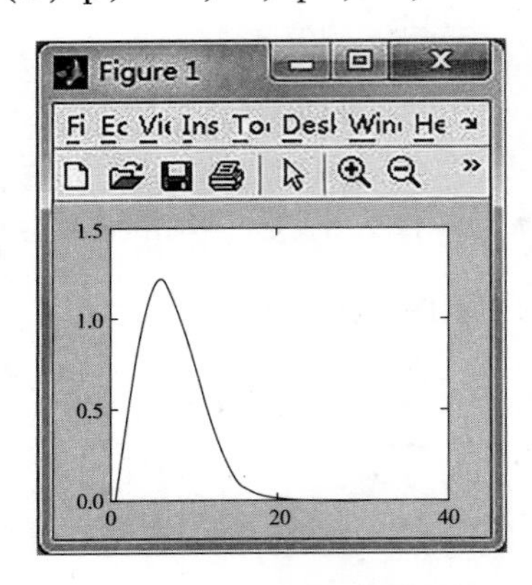

图 1-11 韦伯分布的概率分布图

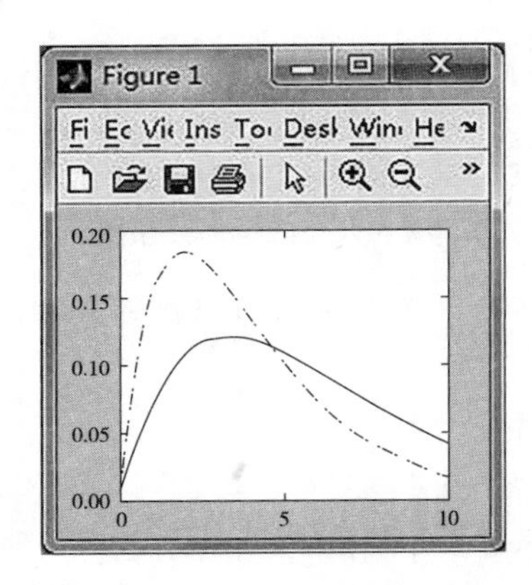

图 1-12 非中心卡方分布的概率分布图

【例 1.38】 绘制瑞利分布的概率分布图形（见图 1-13）。

解：

输入程序：

```
≫x = [0: 0.01: 2];
≫p = raylpdf (x, 0.5);
≫plot (x, p)
```

【例 1.39】 绘制非中心 F 分布的概率分布图形（见图 1-14）。

解：

输入程序：

```
≫x = (0.01: 0.1: 10.01)';
≫p1 = ncfpdf (x, 5, 20, 10);    %非中心 F 分布
≫p  =fpdf (x, 5, 20);    %F 分布
≫plot (x, p,'--', x, p1,'-')
```

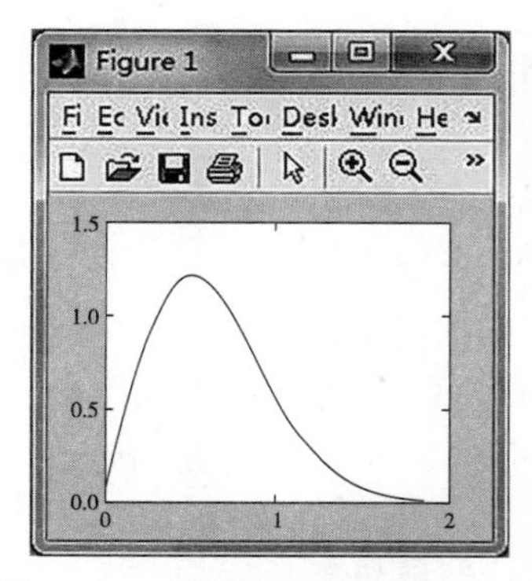

图 1-13 瑞利分布的概率分布图

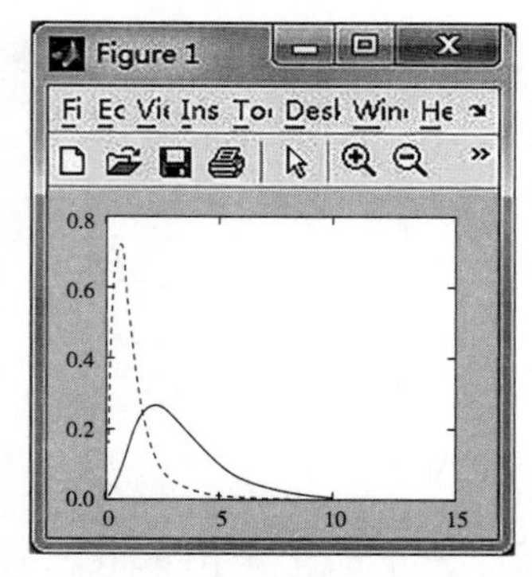

图 1-14 非中心 F 分布的概率分布图

【例 1.40】 绘制Γ分布的概率分布图形（见图 1-15）。

解：

输入程序：

≫x = gaminv（（0.005：0.01：0.995），100，10）；

≫y = gampdf（x，100，10）；

≫y1 = normpdf（x，1000，100）；

≫plot（x，y,'-'，x，y1,'-.'）

【例 1.41】 绘制对数正态分布的概率分布图形（见图 1-16）。

解：

输入程序：

≫x =（10：1000：125010）'；

≫y = lognpdf（x，log（20000），1.0）；

≫plot（x，y）

≫set（gca,'xtick'，［0 30000 60000 90000 120000］）

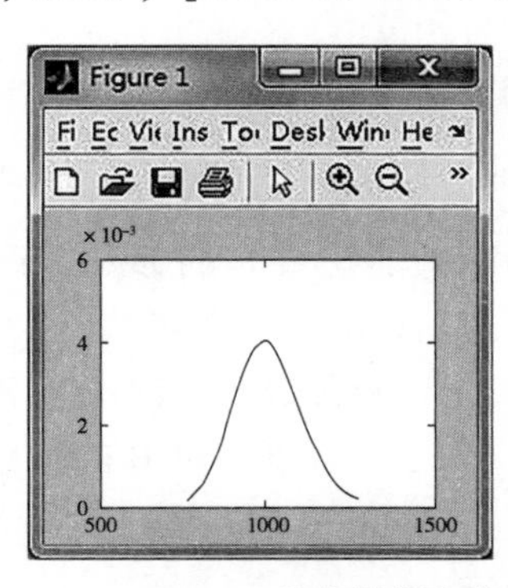

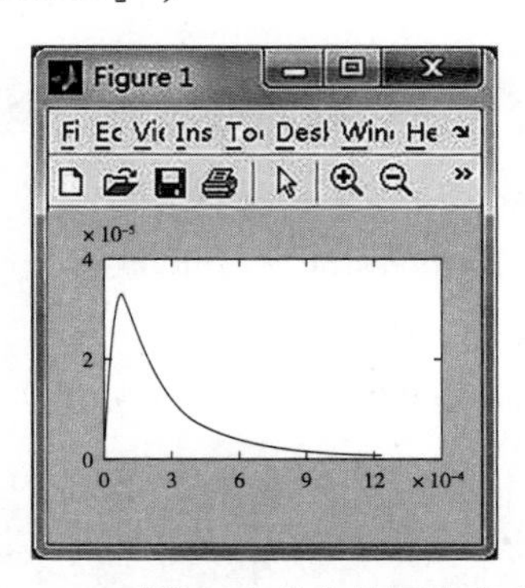

图 1-15 GAMMA 分布的概率分布图 图 1-16 对数正态分布的概率分布图

1.3.4.3.2 常用分布的随机数产生

1.3.4.3.2.1 二项分布的随机数产生

命令：参数为 N，P 的二项随机数据

函数：binornd

格式：R=binornd（N，P）； %N、P 为二项分布的两个参数，返回服从参数为 N、P 的二项分布的随机数。

R=binornd（N，P，m）；%m 指定随机数的个数，与 R 同维数。

R=binornd（N，P，m，n）；%m、n 分别表示 R 的行数和列数。

【例 1.42】 产生参数为 10 和 0.5 的二项分布的随机数。

解：

输入程序：

```
≫R=binornd（10，0.5）
R=5
≫R=binornd（10，0.5，1，6）
R=3  5  7  4  8  2
≫ R=binornd（10，0.5，[1，10]）
R=5  8  3  5  7  5  3  6  5  2
≫ R=binornd（10，0.5，[2，3]）
R=4  9  7
  5  6  5
≫n=10：10：60；
≫r1=binornd（n，1./n）
r1=0  0  0  2  1  1
≫r2=binornd（n，1./n，[1，6]）
r2=1  3  0  1  2  0
```

1.3.4.3.2.2 泊松分布的随机数产生

命令：poissrnd

调用格式：R=poissrnd（lambda）； %lambda 为泊松分布的参数，返回服从参数为 lambda 的泊松分布的随机数。

R=poissrnd（lambda，m）； %m 指定随机数的个数，与 R 同维数。

R=poissrnd（lambda，m，n）； %m、n 分别表示 R 的行数和列数。

【例 1.43】 产生参数为 2 的泊松分布的随机数。

解：

输入程序：

```
≫lambda=2；
≫R=poissrnd（lambda，1，10）（或 R = poissrnd（lambda，[1，10]）
R=1  1  2  3  1  2  0  1  3  1
```

1.3.4.3.2.3 均匀分布的随机数产生

命令：unifrnd

调用格式：R=unifrnd（A，B）；　%A、B为均匀分布的参数，返回服从参数为A、B的均匀分布的随机数。

R=unifrnd（A，B，m）；　%m指定随机数的个数，与R同维数。

R=unifrnd（A，B，m，n）；　%m、n分别表示R的行数和列数。

【例1.44】 产生参数为（0，1）的均匀分布的随机数。

解：

输入程序：

```
≫unifrnd（0，1，3，3）
ans=   0.6649   0.1370   0.8903
       0.8704   0.8188   0.7349
       0.0099   0.4302   0.6873
```

1.3.4.3.2.4 指数分布随机数的产生

命令：exprnd

调用格式：R=exprnd（lambda）；　%lambda为指数分布参数，返回服从参数为lambda的指数分布的随机数。

R=exprnd（lambda，m）；　%m指定随机数的个数，与R同维数。

R=exprnd（lambda，m，n）；　%m、n分别表示R的行数和列数。

【例1.45】 产生参数为0.8的指数分布的随机数。

解：

输入程序：

```
≫ exprnd（0.8，5，5）
ans=   0.8488   0.1244   0.6376   2.4101   0.7329
       1.4364   0.5703   0.7090   0.2932   1.2924
       1.4883   0.1627   0.0829   0.3445   0.3757
       1.3239   0.6199   4.1503   0.0137   0.2481
       0.6893   0.6258   0.9701   0.4744   0.7828
```

1.3.4.3.2.5 正态分布的随机数据的产生

函数：normrnd

格式：R=normrnd（MU，SIGMA）；　%返回均值为MU、标准差为SIGMA的正态分布的随机数据，R可以是向量或矩阵。

R=normrnd（MU，SIGMA，m）；　%m指定随机数的个数，与R同维数。

R=normrnd（MU，SIGMA，m，n）；　%m、n分别表示R的行数和列数。

【例 1.46】 产生参数为 0 和 1 的正态分布的随机数。

解：≫r = normrnd（0，1，2，6）； %mu 为 0、sigma 为 1 的 2 行 6 列共 12 个正态随机数

输入程序：

r=−2.1707 −1.0106 0.5077 0.5913 0.3803 −0.0195
  −0.0592 0.6145 1.6924 −0.6436 −1.0091 −0.0482

1.3.4.3.2.6 常见分布的随机数产生函数表（见表 1−5）

表 1−5 随机数产生函数表

函数名	调用形式	注释
binornd	binornd（n，p，m，n）	参数为 n、p 的二项分布随机数
poissrnd	poissrnd（Lambda，m，n）	参数为 Lambda 的泊松分布随机数
geornd	geornd（p，m，n）	参数为 p 的几何分布随机数
hygernd	hygernd（M，K，N，m，n）	参数为 M、K、N 的超几何分布随机数
unifrnd	unifrnd（A，B，m，n）	[A，B] 上均匀分布（连续）随机数
unidrnd	unidrnd（N，m，n）	均匀分布（离散）随机数
exprnd	exprnd（Lambda，m，n）	参数为 Lambda 的指数分布随机数
normrnd	normrnd（MU，SIGMA，m，n）	参数为 MU、SIGMA 的正态分布随机数
chi2rnd	chi2rnd（N，m，n）	自由度为 N 的卡方分布随机数
trnd	trnd（N，m，n）	自由度为 N 的 t 分布随机数
frnd	frnd（N_1，N_2，m，n）	第一自由度为 N_1，第二自由度为 N_2 的 F 分布随机数
gamrnd	gamrnd（A，B，m，n）	参数为 A、B 的 γ 分布随机数
betarnd	betarnd（A，B，m，n）	参数为 A、B 的 β 分布随机数
lognrnd	lognrnd（MU，SIGMA，m，n）	参数为 MU、SIGMA 的对数正态分布随机数
nbinrnd	nbinrnd（R，P，m，n）	参数为 R、P 的负二项式分布随机数
ncfrnd	ncfrnd（N_1，N_2，delta，m，n）	参数为 N_1、N_2、delta 的非中心 F 分布随机数
nctrnd	nctrnd（N，delta，m，n）	参数为 N、delta 的非中心 t 分布随机数
ncx2rnd	ncx2rnd（N，delta，m，n）	参数为 N、delta 的非中心卡方分布随机数
raylrnd	raylrnd（B，m，n）	参数为 B 的瑞利分布随机数
weibrnd	weibrnd（A，B，m，n）	参数为 A、B 的韦伯分布随机数

1.3.5　常见分布的分布函数图实验

1.3.5.1　实验目的

（1）熟练掌握 MATLAB 软件关于概率分布作图的基本操作。
（2）学会为常用分布的分布函数作图。

1.3.5.2　实验要求

（1）掌握 MATLAB 软件中的画图命令 plot。
（2）掌握常用分布函数的图像画法。

1.3.5.3　实验内容

【例 1.47】　绘制服从正态分布的数据的钟形直方图（见图 1-7）。

解：

在命令窗口输入：

```
≫ x=-3：0.5：3；
y=randn（10000，1）；
hist（y，x）
```

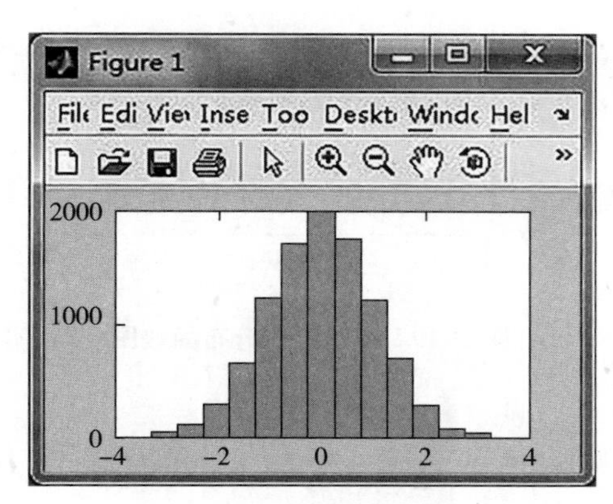

图 1-17　钟形直方图

【例 1.48】　正态密度曲线的直方图（见图 1-18）。

函数：histfit

格式：histfit（data）；　%data 为向量，返回直方图和正态曲线。

　　　histfit（data，nbins）；　%nbins 指定 bar 的个数，缺省时为 data 中数据个数的平方根。

解:

输入程序:

≫r = normrnd (10, 1, 1000, 1);

≫histfit (r)

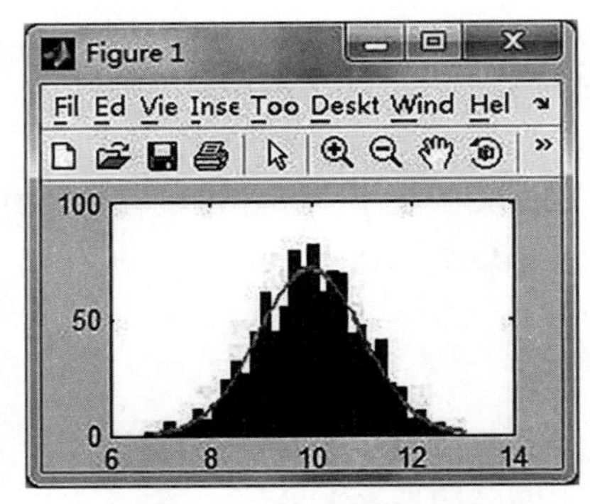

图 1-18 正态密度曲线的直方图

【例 1.49】 经验累积分布函数图（见图 1-19）。

函数：cdfplot

格式：cdfplot (X); %绘制样本 X（向量）的累积分布函数图形。

h=cdfplot (X); %h 表示曲线的环柄。

[h, stats] =cdfplot (X); %stats 表示样本的一些特征。

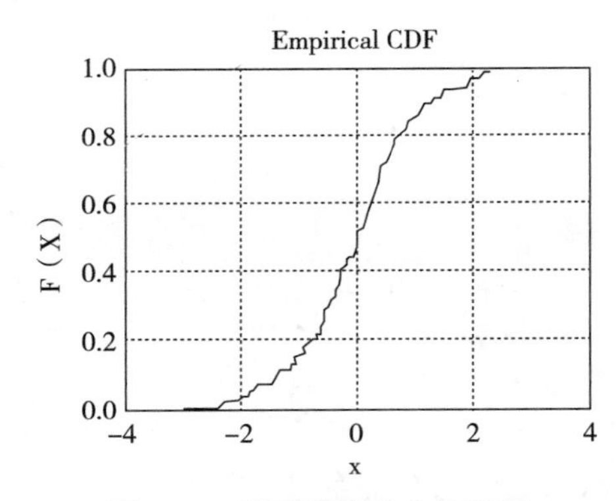

图 1-19 经验累积分布函数图

解:

≫ X=normrnd (0, 1, 50, 1);

≫ [h, stats] =cdfplot (X)

h=152.0238

stats=

min: −2.3703 %样本最小值

max: 2.3305 %最大值

mean: 0.0052 %平均值

median：-0.0073　　　　%中间值
std：1.0091　　　　%样本标准差

【例1.50】 绘制正态分布概率图（见图1-20）。

函数：normplot

格式：normplot（X）；　%若X为向量，则显示正态分布概率图形，若X为矩阵，则显示每一列的正态分布概率图形。

　　h=normplot（X）；　%返回绘图直线的句柄。

说明：样本数据在图中用“+”显示；如果数据来自正态分布，则图形显示为直线，而其他分布可能在图中产生弯曲。

解：

```
≫ X=normrnd（0，1，50，1）；
≫ normplot（X）
```

【例1.51】 给当前图形加一条参考线（见图1-21）。

函数：refline

格式：refline（slope，intercept）；　%slope表示直线斜率，intercept表示截距。

　　refline（slope）；　%slope=［a b］，图中加一条直线：y=b+ax。

解：

```
≫y =［3.2　2.6　3.1　3.4　2.4　2.9　3.0　3.3　3.2　2.1　2.6］′；
≫plot（y,′+′）
≫refline（0，3）
```

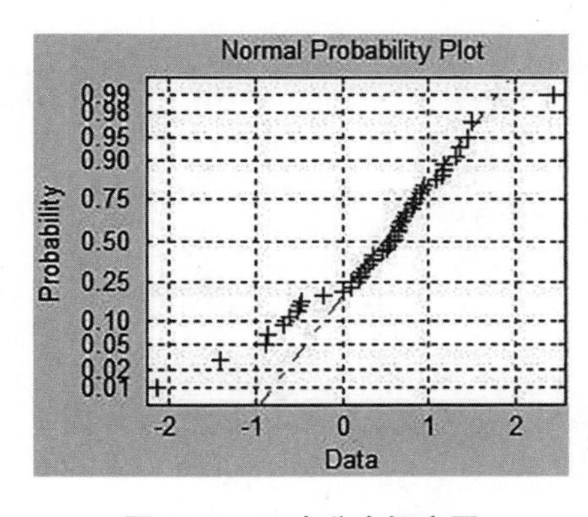

图1-20　正态分布概率图

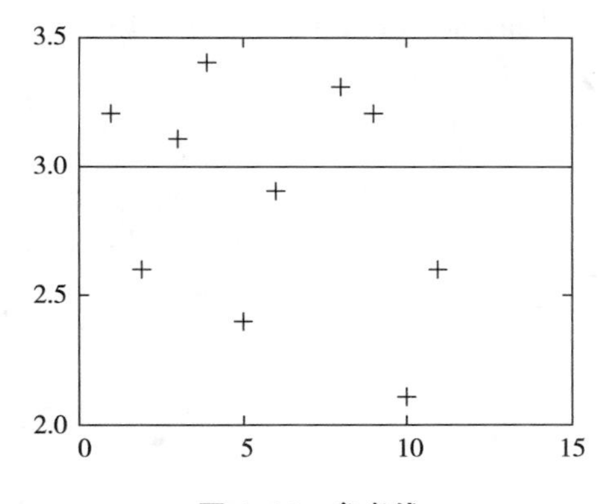

图1-21　参考线

【例1.52】 给当前图形加入一条多项式曲线。

火箭的高度与时间图形加入一条理论高度曲线，火箭初速为100m/秒（见图1-22）。

函数：refcurve

格式：h=refcurve（p）；　%在图中加入一条多项式曲线，h为曲线的环柄，p为多项式系数向量，p=［p1，p2，p3，…，pn］，其中p1为最高幂项系数。

解：

≫h=［85　162　230　289　339　381　413　437　452　458　456　440　400　356］；

≫plot（h,'+'）

≫refcurve（［-4.9 100 0］）

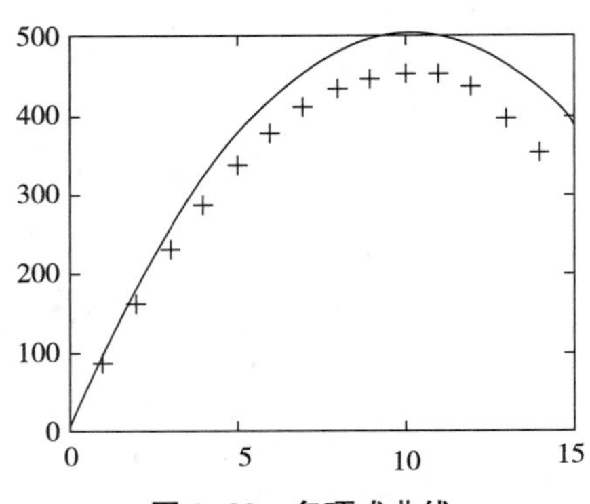

图 1-22　多项式曲线

【例 1.53】　样本的概率图（见图 1-23）。

函数：capaplot

格式：p=capaplot（data，specs）；　%data 为所给样本数据，specs 指定范围，p 表示在指定范围内的概率。

说明：该函数返回来自估计分布的随机变量落在指定范围内的概率。

解：

≫ data=normrnd（0，1，30，1）；

≫ p=capaplot（data，［-2，2］）

p=0.98304

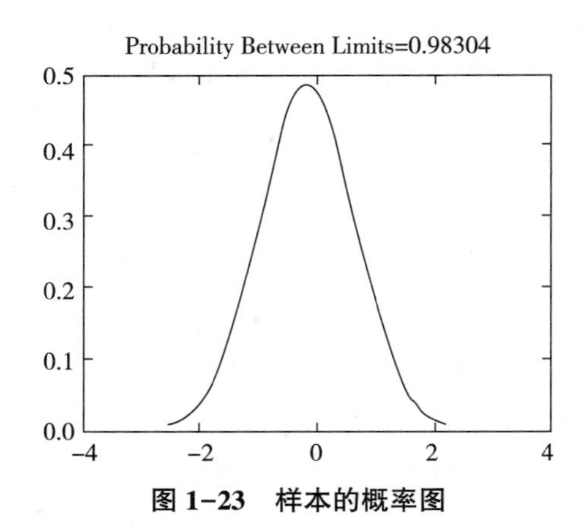

图 1-23　样本的概率图

【例 1.54】　指定的界线间画正态密度曲线（见图 1-24）。

函数：normspec

格式：p=normspec（specs，mu，sigma）；　%specs 指定界线，mu 和 sigma 为正态分布的参数，p 为样本落在上、下界之间的概率。

解：

```
≫p=normspec（［10，Inf］，11.5，1.25)
  p=0.88493
```

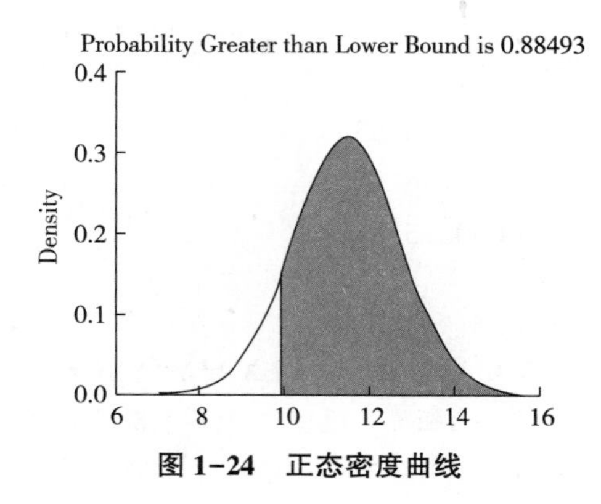

图 1-24　正态密度曲线

1.3.6　随机变量的数字特征实验

1.3.6.1　实验目的

（1）加深对数学期望、方差的理解，了解数学期望、方差的意义及具体的应用。
（2）了解 MATLAB 软件在随机模拟中的应用。

1.3.6.2　实验要求

会用 MATLAB 软件求数字特征。

1.3.6.3　实验过程

1.3.6.3.1　求平均值中位数

【例 1.55】　利用 mean 求算术平均值。

格式：mean（X）；　%X 为向量，返回 X 中各元素的平均值。
　　　mean（A）；　%A 为矩阵，返回 A 中各列元素的平均值构成的向量。
　　　mean（A，dim）；　%在给出的维数内的平均值。

说明：X为向量时，算术平均值的数学含义是 $\bar{x}=\frac{1}{n}\sum_{i=1}^{n}x_i$ ，即样本均值。

解：

```
≫ A= [1 3 4 5; 2 3 4 6; 1 3 1 5]
A=1   3   4   5
  2   3   4   6
  1   3   1   5
≫ mean (A)
ans =1.3333   3.0000   3.0000   5.3333
≫ mean (A, 1)
ans =1.3333   3.0000   3.0000   5.3333
```

【例1.56】 忽略NaN计算算术平均值。

格式：nanmean (X);　%X为向量，返回X中除NaN外的元素的算术平均值。

　　　nanmean (A);　%A为矩阵，返回A中各列除NaN外的元素的算术平均值向量。

解：

```
≫ A= [1 2 3; nan 5 2; 3 7 nan]
A =1   2   3
   NaN   5   2
   3   7   NaN
≫ nanmean (A)
ans=2.0000   4.6667   2.5000
```

【例1.57】 利用median计算中位数（中值）。

格式：median (X);　%X为向量，返回X中各元素的中位数。

　　　median (A);　%A为矩阵，返回A中各列元素的中位数构成的向量。

　　　median (A, dim);　%在给出的维数内的中位数。

解：

```
≫ A= [1 3 4 5; 2 3 4 6; 1 3 1 5]
A=1   3   4   5
  2   3   4   6
  1   3   1   5
≫ median (A)
ans =1   3   4   5
```

【例1.58】 忽略NaN计算中位数。

格式：nanmedian (X);　%X为向量，返回X中除NaN外的元素的中位数。

　　　nanmedian (A);　%A为矩阵，返回A中各列除NaN外的元素的中位数向量。

解：

```
≫ A=［1 2 3; nan 5 2; 3 7 nan］
A=1    2    3
  NaN  5    2
  3    7    NaN
≫ nanmedian（A）
ans =2.0000    5.0000    2.5000
```

【例 1.59】 利用 geomean 计算几何平均数

格式：M=geomean（X）;　　%X 为向量，返回 X 中各元素的几何平均数。

　　　M=geomean（A）;　　%A 为矩阵，返回 A 中各列元素的几何平均数构成的向量。

说明：几何平均数的数学含义是 $M=(\prod_{i=1}^{n} x_i)^{\frac{1}{n}}$，其中，样本数据非负，主要用于对数正态分布。

解：

```
≫ B=［1   3   4   5］
B=1   3   4   5
≫ M=geomean（B）
M=2.7832
≫ A=［1   3   4   5; 2   3   4   6; 1   3   1   5］
A=1   3   4   5
  2   3   4   6
  1   3   1   5
≫ M=geomean（A）
M=1.2599    3.0000    2.5198    5.3133
```

【例 1.60】 利用 harmmean 求调和平均值。

格式：M=harmmean（X）;　　%X 为向量，返回 X 中各元素的调和平均值。

　　　M=harmmean（A）;　　%A 为矩阵，返回 A 中各列元素的调和平均值构成的向量。

说明：调和平均值的数学含义是 $M=\frac{n}{\sum_{i=1}^{n}\frac{1}{x_i}}$，其中，样本数据非 0，主要用于严重偏斜分布。

解：

```
≫ B=［1   3   4   5］
B=1   3   4   5
≫ M=harmmean（B）
```

M=2.2430

≫A= [1　3　4　5；2　3　4　6；1　3　1　5]

A=1　3　4　5

　2　3　4　6

　1　3　1　5

≫M=harmmean（A）

M=1.2000　3.0000　2.0000　5.2941

1.3.6.3.2　数据比较

【例1.61】　排序。

格式：Y=sort（X）；　%X为向量，返回X按由小到大排序后的向量。

　　Y=sort（A）；　%A为矩阵，返回A的各列按由小到大排序后的矩阵。

　　[Y，I] =sort（A）；　%Y为排序的结果，I中元素表示Y中对应元素在A中的位置。

　　sort（A，dim）；　%在给定的维数dim内排序。

说明：若X为负数，则通过|X|排序。

解：

≫A= [1　2　3；4　5　2；3　7　0]

A=1　2　3

　4　5　2

　3　7　0

≫sort（A）

ans=1　2　0

　3　5　2

　4　7　3

≫[Y，I] =sort（A）

Y=1　2　0

　3　5　2

　4　7　3

I= 1　1　3

　3　2　2

　2　3　1

【例1.62】　按行方式排序。

函数：sortrows

格式：Y=sortrows（A）；　%A为矩阵，返回矩阵Y，Y是按A的第1列由小到大、以行方式排序后生成的矩阵。

　　Y=sortrows（A，col）；　%按指定列col由小到大进行排序。

[Y, I] =sortrows (A, col);　　%Y 为排序的结果, I 表示 Y 中第 col 列元素在 A 中位置。

说明：若 X 为负数，则通过|X|的大小排序。

解：

```
≫ A= [1 2 3; 4 5 2; 3 7 0]
A=1   2   3
  4   5   2
  3   7   0
≫ sortrows (A)
ans=1   2   3
    3   7   0
    4   5   2
≫ sortrows (A, 1)
ans=1   2   3
    3   7   0
    4   5   2
≫ sortrows (A, 3)
ans=3   7   0
    4   5   2
    1   2   3
≫ sortrows (A, [3  2] )
ans=3   7   0
    4   5   2
    1   2   3
≫ [Y, I] =sortrows (A, 3)
Y=3   7   0
  4   5   2
  1   2   3
I= 3
   2
   1
```

【例 1.63】　求最大值与最小值之差。

函数：range

格式：Y=range (X);　　%X 为向量，返回 X 中的最大值与最小值之差。

　　　Y=range (A);　　%A 为矩阵，返回 A 中各列元素的最大值与最小值之差。

解：

```
≫ A= [1 2 3; 4 5 2; 3 7 0]
A=1   2   3
```

4　5　2

3　7　0

≫ Y=range (A)

Y=3　5　3

1.3.6.3.3　数学期望

【例 1.64】　计算样本均值。

函数：mean

格式：用法与前面一样

随机抽取 6 个滚珠测得直径如下：(直径：mm)

14.70　15.21　14.90　14.91　15.32　15.32

试求样本平均值。

解：

≫X=[14.70　15.21　14.90　14.91　15.32　15.32];

≫mean (X);　%计算样本均值。

则结果如下：

ans=15.0600

【例 1.65】　用分布列计算数学期望。

利用 sum 函数计算

设随机变量 X 的分布律为：

X	−2	−1	0	1	2
P	0.3	0.1	0.2	0.1	0.3

求 E (X) 和 E (X^2−1)。

解：在 MATLAB 编辑器中建立 M 文件如下：

```
X=[-2  -1  0  1  2];
p=[0.3  0.1  0.2  0.1  0.3];
E (X) =sum (X.*p)
Y=X.^2-1
E (Y) =sum (Y.*p)
```

运行后结果如下：

E (X) =0

Y=3　0　−1　0　3

E (Y) =1.6000

1.3.6.3.4　方差

【例 1.66】　求下列样本的方差和标准差。

14.70 15.21 14.90 14.91 15.32 15.32

函数：var

格式：D=var（X）；　%var（X）$= s^2 = \frac{1}{n-1}\sum_{i=1}^{n}(x_i - \bar{X})^2$，若X为向量，则返回向量的样本方差。

D=var（A）；　%A为矩阵，则D为A的列向量的样本方差构成的行向量。

D=var（X，1）；　%返回向量（矩阵）X的简单方差（即置前因子为 $\frac{1}{n}$ 的方差）。

D=var（X，w）；　%返回向量（矩阵）X的以w为权重的方差。

函数：std

格式：std（X）；　%返回向量（矩阵）X的样本标准差（置前因子为 $\frac{1}{n-1}$）即

$$std = \sqrt{\frac{1}{n-1}\sum_{i=1}^{n} x_i - \bar{X}}。$$

std（X，1）；　%返回向量（矩阵）X的标准差（置前因子为 $\frac{1}{n}$）。

std（X，0）；　%与std（X）相同。

std（X，flag，dim）；　%返回向量（矩阵）中维数为dim的标准差值，其中flag=0时，置前因子为 $\frac{1}{n-1}$，否则置前因子为 $\frac{1}{n}$。

解：

```
≫X=[14.70  15.21  14.90  14.91  15.32  15.32];
≫DX=var（X，1）          %方差
DX =0.0559
≫sigma=std（X，1）       %标准差
sigma=0.2364
≫DX1=var（X）            %样本方差
DX1=   0.0671
≫sigma1=std（X）         %样本标准差
sigma1=0.2590
```

【例1.67】 忽略NaN的标准差。

函数：nanstd

格式：y=nanstd（X）；　%若X为含有元素NaN的向量，则返回除NaN外的元素的标准差，若X为含元素NaN的矩阵，则返回各列除NaN外的标准差构成的向量。

解：

```
≫ M=magic（3）；  %产生3阶魔方阵。
```

```
M=8   1   6
  3   5   7
  4   9   2
≫M([1  6  8])=[NaN  NaN  NaN];   %替换3阶魔方阵中第1、6、8个元素为NaN。
M=NaN  1   6
  3    5   NaN
  4    NaN 2
≫ y=nanstd(M)   %求忽略NaN的各列向量的标准差。
y=0.7071   2.8284   2.8284
≫ X=[1  5];   %忽略NaN的第2列元素。
≫ y2=std(X)   %验证第2列忽略NaN元素的标准差。
y2=   2.8284
```

【例1.68】 样本的偏斜度。

函数：skewness

格式：y=skewness(X)　%X为向量，返回X的元素的偏斜度；X为矩阵，返回X各列元素的偏斜度构成的行向量。

y=skewness(X, flag)　%flag=0表示偏斜纠正，flag=1（默认）表示偏斜不纠正。

说明：偏斜度样本数据是关于均值不对称的一个测度，如果偏斜度为负，说明均值左边的数据比均值右边的数据更散；如果偏斜度为正，说明均值右边的数据比均值左边的数据更散，因而正态分布的偏斜度为0；偏斜度是这样定义的：$y=\frac{E(X-\mu)^3}{\sigma^3}$。其中，$\mu$为$X$的均值，$\sigma$为$X$的标准差，$E(\cdot)$为期望值算子。

解：

```
≫ X=randn([5, 4])
X=0.2944    0.8580   -0.3999    0.6686
 -1.3362    1.2540    0.6900    1.1908
  0.7143   -1.5937    0.8156   -1.2025
  1.6236   -1.4410    0.7119   -0.0198
 -0.6918    0.5711    1.2902   -0.1567
≫ y=skewness(X)
y=-0.0040   -0.3136   -0.8865   -0.2652
≫ y=skewness(X, 0)
y=-0.0059   -0.4674   -1.3216   -0.3954
```

1.3.6.3.5 常见分布的数学期望和方差

【例1.69】 均匀分布（连续）的数学期望和方差。

函数：unifstat

格式：[M，V] = unifstat（A，B）　%A、B为标量时，就是区间上均匀分布的数学期望和方差，A、B也可为向量或矩阵，则M、V也是向量或矩阵。

解：

```
≫a = 1：6；b = 2. * a；
≫ [M，V] = unifstat（a，b）
M=1.5000   3.0000   4.5000   6.0000   7.5000   9.0000
V=0.0833   0.3333   0.7500   1.3333   2.0833   3.0000
```

【例1.70】　正态分布的数学期望和方差。

函数：normstat

格式：[M，V] =normstat（MU，SIGMA）　%MU、SIGMA可为标量也可为向量或矩阵，则M=MU，V=SIGMA^2。

解：

```
≫ n=1：4；
≫ [M，V] =normstat（n′*n，n′*n）
M=1   2   3   4
  2   4   6   8
  3   6   9   12
  4   8   12   16
V=1   4   9   16
  4   16   36   64
  9   36   81   144
  16   64   144   256
```

【例1.71】　二项分布的数学期望和方差。

函数：binostat

格式：[M，V] = binostat（N，P）　%N、P为二项分布的两个参数，可为标量也可为向量或矩阵。

解：

```
≫n =logspace（1，5，5）
n=10   100   1000   10000   100000
≫ [M，V] = binostat（n，1./n）
M=1   1   1   1   1
V=0.9000   0.9900   0.9990   0.9999   1.0000
≫ [m，v] = binostat（n，1/2）
m=5   50   500   5000   50000
v=1.0e+04  *
```

0.0003　0.0025　0.0250　0.2500　2.5000

常见分布的数学期望和方差见表 1-6。

表 1-6　常见分布的数学期望和方差

函数名	调用形式	注释
binostat	[M, V] =binostat (n, p)	二项分布的数学期望和方差
geostat	[M, V] =geostat (p)	几何分布的数学期望和方差
hygestat	[M, V] =hygestat (M, K, N)	超几何分布的数学期望和方差
poisstat	[M, V] =poisstat (Lambda)	泊松分布的数学期望和方差
nbinstat	[M, V] =nbinstat (R, P)	负二项式分布的数学期望和方差
unifstat	[M, V] =unifstat (a, b)	均匀分布（连续）的数学期望和方差，M 为期望，V 为方差
unidstat	[M, V] =unidstat (n)	均匀分布（离散）的数学期望和方差
expstat	[M, V] =expstat (p, Lambda)	指数分布的数学期望和方差
normstat	[M, V] =normstat (mu, sigma)	正态分布的数学期望和方差
chi2stat	[M, V] =chi2stat (x, n)	卡方分布的数学期望和方差
tstat	[M, V] =tstat (n)	t 分布的数学期望和方差
fstat	[M, V] =fstat (n_1, n_2)	F 分布的数学期望和方差
gamstat	[M, V] =gamstat (a, b)	γ 分布的数学期望和方差
betastat	[M, V] =betastat (a, b)	β 分布的数学期望和方差
lognstat	[M, V] =lognstat (mu, sigma)	对数正态分布的数学期望和方差
ncfstat	[M, V] =ncfstat (n_1, n_2, delta)	非中心 F 分布的数学期望和方差
nctstat	[M, V] =nctstat (n, delta)	非中心 t 分布的数学期望和方差
ncx2stat	[M, V] =ncx2stat (n, delta)	非中心卡方分布的数学期望和方差
raylstat	[M, V] =raylstat (b)	瑞利分布的数学期望和方差
weibstat	[M, V] =weibstat (a, b)	韦伯分布的数学期望和方差

1.3.6.3.6　协方差和相关系数

【例 1.72】　协方差。

函数：cov

格式：cov (X);　%求向量 X 的协方差。

cov (A);　%求矩阵 A 的协方差矩阵，该协方差矩阵的对角线元素是 A 的各列向量的方差，即 var (A) = diag (cov (A))。

cov (X, Y);　%X、Y 为等长列向量，等同于 cov ([X　Y])。

解：

≫ X= [0　-1　1]′; Y= [1　2　2]′;

≫ C1=cov (X);　%X 的协方差。

```
C1 = 1
≫C2 = cov (X, Y);    %列向量 X、Y 的协方差矩阵，对角线元素为各列向量的方差。
C2 = 1.0000    0
     0         0.3333
≫ A = [1  2  3; 4  0  -1; 1  7  3]
A = 1  2  3
    4  0  -1
    1  7  3
≫C1 = cov (A);    %求矩阵 A 的协方差矩阵。
C1 = 3.0000   -4.5000   -4.0000
    -4.5000   13.0000    6.0000
    -4.0000    6.0000    5.3333
≫C2 = var(A(:,1));    %求 A 的第 1 列向量的方差。
C2 = 3
≫C3 = var(A(:,2));    %求 A 的第 2 列向量的方差。
C3 = 13
≫C4 = var(A(:,3));
C4 = 5.3333
```

【例 1.73】　相关系数。

函数：corrcoef

格式：corrcoef(X,Y);　　%返回列向量 X、Y 的相关系数，等同于 corrcoef([X,Y])。

　　　corrcoef (A);　　%返回矩阵 A 的列向量的相关系数矩阵。

解：

```
≫A = [1  2  3; 4  0  -1; 1  3  9]
A = 1  2  3
    4  0  -1
    1  3  9
≫ C1 = corrcoef (A);    %求矩阵 A 的相关系数矩阵。
C1 = 1.0000   -0.9449   -0.8030
    -0.9449    1.0000    0.9538
    -0.8030    0.9538    1.0000
≫ C1 = corrcoef (A (:, 2), A (:, 3));    %求 A 的第 2 列与第 3 列列向量的相关系数矩阵。
C1 = 1.0000    0.9538
     0.9538    1.0000
```

第 2 章

参数估计

2.1 实验目的

参数的统计推断是最常见的统计推断之一，即总体分布已知，而参数未知。此时，未知参数的推断通常是总体推断的出发点。在实际问题中，当所研究的总体分布类型已知但分布中含有一个或多个未知参数时，如何根据样本来估计未知参数？这就是参数估计问题，是统计推断的两个基本问题之一。参数估计可分为点估计与区间估计。点估计是用单个数值作为参数的估计，常用的方法有矩估计法和最大似然估计法；而区间估计不仅给出参数的近似值，还给出了取值的误差范围，并且在一定的可靠度下使这个范围包含未知参数的真值。

本实验的目的在于使学生能利用 MATLAB 的工具箱进行参数估计，包括二项分布、正态分布等常见分布中总体参数的矩估计、最大似然估计及区间估计等。

2.2 实验原理

2.2.1 点估计

设总体 X 的分布函数为 $F(x;\theta)$，θ 是未知参数，取值范围记为 Θ，称 Θ 为参数空间。参数的点估计就是根据样本信息找出参数空间 Θ 中的一个值来作为参数真值的一个估计值。

如果总体 X 有 k 个未知参数 $\theta_1, \cdots, \theta_k$，则构造 k 个不同的统计量 $T_i = T_i(X_1, \cdots, X_n)$，$i = 1, 2, \cdots, k$，分别作为 θ_i 的点估计，即

$$\hat{\theta}_i = T_i = T_i(X_1, \cdots, X_n), \ i = 1, 2, \cdots, k$$

注： 估计量 $\hat{\theta}_i(X_1, \cdots, X_n)$ 是样本 $X_1, \cdots, X_n$ 的函数，是一个统计量，也是随机变量。对不同的样本值，θ 的估计值 $\hat{\theta}$ 一般是不同的。

2.2.1.1 矩估计法

2.2.1.1.1 估计思想

矩估计法依据的是“替代”思想。依据辛钦大数定律，若总体 X 的 k 阶矩存在，则样

本矩依概率收敛于总体矩。故当样本容量 n 很大时，用样本矩作为总体矩的近似，从而解出总体待估参数 θ 的估计值 $\hat{\theta}$ 。

事实上，若设总体 X 的 k 阶矩存在，X_1，…，X_n 是X的一个样本。令 $Y = X^k$，$Y_i = X_i^k$，则 Y 可看成一个新的总体，Y_1，…，Y_n 可作为 Y 的一个样本，Y_1，…，Y_n 相互独立并与 Y 同分布，则有

$$E(Y_i) = E(Y) = E(X^k),$$

由辛钦大数定律可知：对任意 $\varepsilon > 0$，有

$$\lim_{n\to\infty}P\left\{\left|\frac{1}{n}\sum_{i=1}^{n}Y_i - E(Y)\right| < \varepsilon\right\} = \lim_{n\to\infty}P\left\{\left|\frac{1}{n}\sum_{i=1}^{n}X_i^k - E(X^k)\right| < \varepsilon\right\} = 1$$

即 $A_k = \frac{1}{n}\sum_{i=1}^{n}X_i^k$ 依概率收敛于 $E(X^k)$ 。因而当样本容量 n 很大时，用样本矩替代总体矩，不会有太大的误差。

2.2.1.1.2　求矩估计的方法

设总体 X 的分布函数 $F(x;\ \theta_1,\ \cdots,\ \theta_k)$ 中含有 k 个未知参数 θ_1，…，θ_k，且 X 的前 k 阶原点矩 μ_1，…，μ_k 存在，则

（1）抽取一容量为 n 的样本 X_1，…，X_n（n 越大，估计精度越高）；

（2）求总体 X 的前 k 阶原点矩 μ_1，…，μ_k，它们一般都是这 k 个未知参数的函数，记为 $\mu_i = g_i(\theta_1,\ \cdots,\ \theta_k)$，$i = 1,\ 2,\ \cdots,\ k$；

（3）从（2）中解得 $\theta_i = h_i(\mu_1,\ \cdots,\ \mu_k)$，$i = 1,\ 2,\ \cdots,\ k$；

（4）计算出前 k 阶样本原点矩 $A_i = \frac{1}{n}\sum_{j=1}^{k}X_j^i$，$i = 1,\ 2,\ \cdots,\ k$；

（5）用 $\mu_i(i = 1,\ 2,\ \cdots,\ k)$ 的估计量 A_i 分别代替上式中的 μ_i，可得 $\theta_j(j = 1,\ 2,\ \cdots,\ k)$ 的估计量，即 $\hat{\theta}_i = h_i(A_1,\ \cdots,\ A_k)$，$i = 1,\ 2,\ \cdots,\ k$。

2.2.1.2　最大似然估计法

2.2.1.2.1　似然函数

若总体 X 的概率（密度）函数为 $p(x;\ \theta)$，$\theta = (\theta_1,\ \theta_2,\ \cdots,\ \theta_k)$ 为待估参数，则样本 $(X_1,\ \cdots,\ X_n)$ 的联合概率（密度）函数为

$$p(x_1,\ x_2,\ \cdots,\ x_k;\ \theta) = \prod_{i=1}^{n}p(x_i;\ \theta)$$

记为 $L(\theta) = L(\theta;\ x_1,\ x_2,\ \cdots,\ x_k) = \prod_{i=1}^{k}p(x_i;\ \theta)$，称 $L(\theta)$ 为样本似然函数。对于 $p(x_1,\ x_2,\ \cdots,\ x_k;\ \theta) = \prod_{i=1}^{n}p(x_i;\ \theta)$，自变量为 $x = (x_1,\ \cdots,\ x_k)$；对于 $L(\theta) = L(\theta;\ x_1,\ x_2,\ \cdots,\ x_k) = \prod_{i=1}^{n}p(x_i,\ \theta)$，自变量为 $\theta = (\theta_1,\ \cdots,\ \theta_k)$ 。

2.2.1.2.2　最大似然估计法的统计思想

似然函数 $L(\theta)$ 的值的大小意味着该样本值出现的可能性的大小，如果已得到样本值 x_1，…，x_n，这表明事件“$X_1 = x_1$，$X_2 = x_2$，…，$X_n = x_n$”已经发生了。为什么会出现这种情况呢？我们自然会认为这个事件发生的概率应该较大，而 $L(\theta) = L(\theta;\ x_1,\ x_2,\ \cdots,\ x_n)$ 就是描述这个事件发生的概率大小的。虽然似然函数 $L(\theta)$ 中的 x_1，…，x_n 已确定，但由于 θ 未知，它具体取多大的值就依赖于 θ。为使 $L(\theta)$ 尽可能大些，我们应该准确选择 θ 的取值，从而使 $L(\theta)$ 达到最大值。由此确定出的 θ 我们记为 $\hat{\theta}$，并将之作为 θ 的估计值。即使 $\hat{\theta}$ 满足

$$L(\hat{\theta}) = L(\hat{\theta};\ x_1,\ x_2,\ \cdots,\ x_n) = \max_{\theta \in \Theta} L(\theta;\ x_1,\ x_2,\ \cdots,\ x_n)$$

这种求点估计的方法称为最大似然估计法。得到的参数估计值 $\hat{\theta}$ 称为 θ 的最大似然估计量，简记为 *MLE*。

2.2.1.2.3　最大似然估计法的步骤

求未知参数 θ 的最大似然估计，其实就是求似然函数 $L(\theta)$ 的最大值点。当似然函数关于未知参数可微时，可利用微分学中求最大值的方法求解。其主要步骤如下：

（1）写出似然函数 $L(\theta) = L(\theta;\ x_1,\ x_2,\ \cdots,\ x_n)$。

（2）求出 $L(\theta) = L(\theta;\ x_1,\ x_2,\ \cdots,\ x_n)$ 的最大值点 $\hat{\theta}$，并将之作为 θ 的最大似然估计量。

当 $L(\theta) = L(\theta;\ x_1,\ x_2,\ \cdots,\ x_n)$ 关于 θ 可微时，由多元函数可微性质知：$\hat{\theta}$ 是 $L(\theta)$ 的极值点的必要条件为 $\left.\frac{\mathrm{d}L(\theta)}{\mathrm{d}\theta}\right|_{\theta=\hat{\theta}} = 0$ 或 $\left.\frac{\mathrm{d}L(\theta_1,\ \theta_2,\ \cdots,\ \theta_k)}{\mathrm{d}\theta_i}\right|_{\theta=\hat{\theta}} = 0 \quad (i = 1,\ 2,\ \cdots,\ k)$

若函数可直接判定存在极值点且是最大值点，则解方程组得到 $\hat{\theta}_1$，$\hat{\theta}_2$，…，$\hat{\theta}_k$ 即 θ_1，θ_2，…，θ_k 的最大似然估计，若无法直接判定，则还需验证其充分性。

若经过验证满足最大值点的条件，则 $L(\theta)$ 与 $\ln L(\theta)$ 的极值点相同，故可解方程

$$\left.\frac{\mathrm{d}\ln L(\theta)}{\mathrm{d}\theta}\right|_{\theta=\hat{\theta}} = 0 \text{ 或 } \left.\frac{\mathrm{d}\ln L(\theta_1,\ \theta_2,\ \cdots,\ \theta_k)}{\mathrm{d}\theta_i}\right|_{\theta=\hat{\theta}} = 0,\ i = 1,\ 2,\ \cdots,\ k$$

记 $I(\theta) = \ln L(\theta;\ x_1,\ x_2,\ \cdots,\ x_n)$，也称对数似然函数。当似然函数 $L(\theta)$ 关于 θ 不满足可微条件时，可用其他方法求解（视具体问题而定）。

2.2.2　区间估计

利用参数的点估计借助样本算出的一个值去估计未知参数，求出的仅仅是未知参数的一个近似值，没有给出这个近似值的误差范围。区间估计是依据抽取的样本，根据一定的正确度与精确度的要求，构造出适当的区间，来估计总体分布的未知参数或未知参数的函数的真值所在范围，这样的估计显然更有实用价值。

2.2.2.1 概念与方法

2.2.2.1.1 置信区间的概念

设θ为总体分布的未知参数，X_1，…，X_n是取自总体X的一个样本，对给定的数$1-\alpha(0<\alpha<1)$，若存在统计量

$$\theta_L(X_1, \cdots, X_n), \theta_U(X_1, \cdots, X_n)$$

使得$P\{\theta_L \leqslant \theta \leqslant \theta_U\} = 1-\alpha$，则称随机区间$[\theta_L, \theta_U]$为$\theta$的$1-\alpha$的双侧置信区间，称$1-\alpha$为置信度也叫置信水平，又分别称$\theta_L$与$\theta_U$为$\theta$的双侧置信下限与双侧置信上限。

2.2.2.1.2 枢轴量法

寻求置信区间的基本思想：在点估计的基础上，构造合适的包含样本及待估参数的函数U，且已知U的分布，再针对给定的置信度导出置信区间。其步骤为：

（1）从θ的无偏估计量$\hat{\theta}$出发，寻求一个样本的函数$U=U(X_1, \cdots, X_n; \theta)$，该函数只包含待估计参数$\theta$而不含其他未知参数，且$U$的分布已知，这里称函数$U$为枢轴量；

（2）对给定的置信水平$1-\alpha$，确定两个常数a、b使$P\{a \leqslant U \leqslant b\}=1-\alpha$；

（3）若从$a \leqslant U \leqslant b$中等价得到不等式$\theta_L \leqslant \theta \leqslant \theta_U$，其$\theta_L$、$\theta_U$是两个统计量，则称区间$[\theta_L, \theta_U]$就是所求置信水平为$1-\alpha$的置信区间。

2.2.2.2 单个正态总体参数的区间估计

设总体$X \sim N(\mu, \sigma^2)$，X_1，…，X_n为样本，$1-\alpha$为置信水平。

2.2.2.2.1 $\sigma^2=\sigma_0^2$已知，均值μ的区间估计

（1）寻求一个只含待估参数μ且与$\bar{X}$有关的枢轴量$Z=\frac{\bar{X}-\mu}{\sigma}\sqrt{n} \sim N(0, 1)$；

（2）在给定置信水平$1-\alpha$下找a、b使$P\{a \leqslant Z \leqslant b\}=1-\alpha$；

（3）确定$a=-u_{\frac{\alpha}{2}}$，$b=u_{\frac{\alpha}{2}}$，使之满足上式；

注：由于标准正态分布具有对称性，计算未知参数的置信度为$1-\alpha$的双侧等尾置信区间，其区间长度在所有这类区间中是最短的。

（4）由不等式$a \leqslant Z \leqslant b$等价变形得到置信区间为$\bar{X}-\frac{\sigma}{\sqrt{n}}u_{\frac{\alpha}{2}} \leqslant \mu \leqslant \bar{X}+\frac{\sigma}{\sqrt{n}}u_{\frac{\alpha}{2}}$。

注：①在样本容量一定的条件下，对给定的置信度，则置信区间越长，估计精度越低。②在置信区间的长度与置信度不变的条件下，要提高精度，就必须加大样本的容量n，以获得总体的更多信息。

2.2.2.2.2 σ^2 未知，均值 μ 的区间估计

（1）选择 $t=\dfrac{\bar{X}-\mu}{S/\sqrt{n}}\sim t(n-1)$ 为枢轴量；

（2）对给定的置信水平 $1-\alpha$，使

$$P\left\{-t_{\frac{\alpha}{2}}(n-1)\leqslant\frac{\bar{X}-\mu}{\frac{S}{\sqrt{n}}}\leqslant t_{\frac{\alpha}{2}}(n-1)\right\}=1-\alpha$$

等价变形得到

$$P\left\{\bar{X}-\frac{S}{\sqrt{n}}t_{\frac{\alpha}{2}}(n-1)\leqslant\mu\leqslant\bar{X}+\frac{S}{\sqrt{n}}t_{\frac{\alpha}{2}}(n-1)\right\}=1-\alpha$$

则均值 μ 的 $1-\alpha$ 的置信区间为 $\bar{X}-\dfrac{S}{\sqrt{n}}t_{\frac{\alpha}{2}}(n-1)\leqslant\mu\leqslant\bar{X}+\dfrac{S}{\sqrt{n}}t_{\frac{\alpha}{2}}(n-1)$。

2.2.2.2.3 方差 σ^2 的区间估计

上面给出了总体均值 μ 的区间估计，在实际问题中要考虑精度或稳定性，因此需要对正态总体的方差 σ^2 进行区间估计。

（1）由于 σ^2 的无偏估计是 S^2，选择枢轴量 $\chi^2=\dfrac{(n-1)S^2}{\sigma^2}\sim\chi^2(n-1)$；

（2）对给定的置信水平 $1-\alpha$，利用上侧分位数使

$$P\{\chi^2_{1-\frac{\alpha}{2}}(n-1)\leqslant\chi^2\leqslant\chi^2_{\frac{\alpha}{2}}(n-1)\}=1-\alpha$$

等价变形得到

$$P\left\{\frac{(n-1)S^2}{\chi^2_{\frac{\alpha}{2}}(n-1)}\leqslant\sigma^2\leqslant\frac{(n-1)S^2}{\chi^2_{1-\frac{\alpha}{2}}(n-1)}\right\}=1-\alpha$$

于是，方差 σ^2 的 $1-\alpha$ 的置信区间为 $\left[\dfrac{(n-1)S^2}{\chi^2_{\frac{\alpha}{2}}(n-1)},\dfrac{(n-1)S^2}{\chi^2_{1-\frac{\alpha}{2}}(n-1)}\right]$，则 σ 的 $1-\alpha$ 的置信区间为 $\left[\sqrt{\dfrac{(n-1)S^2}{\chi^2_{\frac{\alpha}{2}}(n-1)}},\sqrt{\dfrac{(n-1)S^2}{\chi^2_{1-\frac{\alpha}{2}}(n-1)}}\right]$。

2.2.2.3 两个正态总体参数的区间估计

在实际问题中，往往需要知道两个正态总体均值之间或方差之间是否有差异，因此要研究两个正态总体的均值差或方差比的置信区间。

设 $X_1,\cdots,X_n$ 是来自总体 $X\sim N(\mu_1,\sigma_1^2)$ 的一个样本，$\bar{X}$ 和 S_1^2 是样本均值与样本无偏方差；设 $Y_1,\cdots,Y_m$ 是来自总体 $Y\sim N(\mu_2,\sigma_2^2)$ 的一个样本，$\bar{Y}$ 和 S_2^2 是样本均值与样本无

偏方差，且 X 与 Y 独立。

2.2.2.3.1 当 σ_1^2、σ_2^2 已知时，$\mu_1-\mu_2$ 的区间估计

（1）已知 $\bar{X}-\bar{Y}$ 是 $\mu_1-\mu_2$ 的无偏估计，将 $\mu_1-\mu_2$ 看作一个待估参数，寻求枢轴量 $Z=\dfrac{(\bar{X}-\bar{Y})-(\mu_1-\mu_2)}{\sqrt{\dfrac{\sigma_1^2}{n}+\dfrac{\sigma_2^2}{m}}}\sim N(0,\ 1)$；

（2）对给定的置信水平 $1-\alpha$，使 $P\{|Z|\leqslant u_{\frac{\alpha}{2}}\}=1-\alpha$，得到 $\mu_1-\mu_2$ 的置信区间为 $(\bar{X}-\bar{Y})\pm u_{\frac{\alpha}{2}}\sqrt{\dfrac{\sigma_1^2}{n}+\dfrac{\sigma_2^2}{m}}$

2.2.2.3.2 当 $\sigma_1^2=\sigma_2^2=\sigma^2$ 未知时，$\mu_1-\mu_2$ 的区间估计

（1）由于 $\sigma_1^2=\sigma_2^2=\sigma^2$ 未知，故所求的枢轴量中只能包含 $\mu_1-\mu_2$ 而不能包含 σ^2，由抽样理论知，$t=\dfrac{(\bar{X}-\bar{Y})-(\mu_1-\mu_2)}{S_\omega\sqrt{\dfrac{1}{n}+\dfrac{1}{m}}}\sim t(n+m-2)$ 可作为枢轴量，其中 $S_\omega^2=\dfrac{(n-1)S_1^2+(m-1)S_2^2}{n+m-2}$；

（2）对给定的置信水平 $1-\alpha$，可得出 $\mu_1-\mu_2$ 的双侧等尾置信区间为

$$(\bar{X}-\bar{Y})\pm S_\omega\sqrt{\frac{1}{n}+\frac{1}{m}}t_{\frac{\alpha}{2}}(n+m-2)$$

2.2.2.3.3 方差比 $\dfrac{\sigma_1^2}{\sigma_2^2}$ 的区间估计

（1）由抽样理论知，枢轴量为 $F=\dfrac{S_1^2/\sigma_1^2}{S_2^2/\sigma_2^2}\sim F(n-1,\ m-1)$；

（2）对给定的置信水平 $1-\alpha$，可得出 $\dfrac{\sigma_1^2}{\sigma_2^2}$ 的双侧等尾置信区间为

$$\frac{S_1^2/S_2^2}{F_{\frac{\alpha}{2}}(n-1,\ m-1)}\leqslant\frac{\sigma_1^2}{\sigma_2^2}\leqslant\frac{S_1^2/S_2^2}{F_{1-\frac{\alpha}{2}}(n-1,\ m-1)}$$

2.2.2.4 总体比率的区间估计

设总体 $X\sim B(1,\ p)$；$X_1,\ \cdots,\ X_n$ 为样本（$n\geqslant 50$），求 p 的置信区间。

$E(X)=p$，$D(X)=p(1-p)$；由中心极限定理知

$$Z = \frac{\sum_{i=1}^{n} X_i - np}{\sqrt{np(1-p)}} = \frac{n\bar{X} - np}{\sqrt{np(1-p)}} \sim AN(0,\ 1)$$

则 $P\{|Z| \leqslant u_{\frac{\alpha}{2}}\} = 1 - \alpha$ ，等价变形得到

$$\left|\frac{n\bar{X} - np}{\sqrt{np(1-p)}}\right| \leqslant u_{\frac{\alpha}{2}}$$

整理得

$$(n + u_{\frac{\alpha}{2}}^2)p^2 - (2n\bar{X} + u_{\frac{\alpha}{2}}^2)p + n\bar{X}^2 \leqslant 0$$

解方程得置信区间为 $p_1 \leqslant p \leqslant p_2$，其中，$p_{1,\ 2} = \frac{-b \pm \sqrt{b^2 - 4ac}}{2a}$；

$$a = (n + u_{\frac{\alpha}{2}}^2)\ ,\ b = -(2n\bar{X} + u_{\frac{\alpha}{2}}^2)\ ,\ c = n\bar{X}^2\ 。$$

2.3　实验过程

2.3.1　常见分布的参数估计实验

2.3.1.1　实验目的

（1）掌握常见分布的点估计法和区间估计法。
（2）会用 MATLAB 软件对常见分布进行点估计和区间估计。

2.3.1.2　实验要求

参数估计理论知识和 MATLAB 软件。

2.3.1.3　实验内容

2.3.1.3.1　点估计

2.3.1.3.1.1　矩估计法

主要介绍总体为正态分布的参数 μ 和 σ^2 的矩估计。
设 $X \sim N(\mu,\ \sigma^2)$，X_1，…，X_n 为其样本，则 μ 和 σ^2 的矩估计量为

$$\hat{\mu} = \frac{1}{n}\sum_{i=1}^{n} X_i = \bar{X} \text{ , } \hat{\sigma}^2 = \frac{1}{n}\sum_{i=1}^{n}(X_i - \bar{X})^2$$

在 MATLAB 中，样本 $x = [x_1, \cdots, x_n]$，则样本均值：mx = 1/n * sum (x)；样本方差：sigma = 1/n * sum ((x-mx) .^2)。

2.3.1.3.1.2 最大似然估计法

MATLAB 统计工具箱中给出了最大似然估计法估计常用分布的参数的点估计值函数。

函数：mle

功能：求常用分布参数的最大似然估计值

格式：PHAT = mle('dist', X)

[PHAT, PCI] = mle('dist', X)

[PHAT, PCI] = mle('dist', X, ALPHA)

[PHAT, PCI] = mle('dist', X, ALPHA, pl)；　%仅用于二项分布，pl 为试验次数。

说明： dist 可为各种分布函数名，如 beta（β 分布）、bino（二项分布），X 为数据样本，ALPHA 为显著性水平 α，$(1-\alpha)\times 100\%$ 为置信度。

2.3.1.3.2 二项分布的参数估计

函数：binofit

调用格式：PHAT=binofit (X, n)

[PHAT, PCI] =binofit (X, n, ALPHA)

X 为实验数据，n 为实验次数，ALPHA 为 α（默认值为 0.05），PHAT 为返回二项分布的概率的最大似然估计，PCI 为返回置信度为 $(1-\alpha)\times 100\%$ 的置信区间。

【例 2.1】 设掷硬币试验进行了 10 组，每组试验了 1000 次，在各组试验中，正面朝上的次数记录如表 2-1 所示：

表 2-1 硬币试验

试验组数	1	2	3	4	5	6	7	8	9	10
1000 次掷硬币正面朝上的次数	562	559	489	503	510	492	610	519	498	521

求正面朝上的概率估计值和置信度为 99%的置信区间。

解：

在命令窗口输入：

```
≫x= [562 559 489 503 510 492 610 519 498 521];
≫ [PHAT, PCI] = binofit (X, 1000, 0.01)
```

运行可得到正面朝上的概率估计值及置信度为 99%的置信区间：

PHAT= 0.5620　0.5590　0.4890　0.5030　0.5100　0.4920　0.6100　0.5190　0.4980　0.5210

PCI = 0. 5209　0. 6025
0. 5179　0. 5996
0. 4479　0. 5302
0. 4618　0. 5441
0. 4688　0. 5511
0. 4509　0. 5332
0. 5693　0. 6496
0. 4778　0. 5600
0. 4569　0. 5392
0. 4798　0. 5620

2. 3. 1. 3. 3　泊松分布的参数估计

函数：Lambdahat

调用格式：[Lambdahat, Lambdaci] = poissfit（X, ALPHA）

X 为实验数据，ALPHA 为 α（默认值为 0. 05），Lambdahat 为返回泊松分布的参数的最大似然估计，PCI 为返回置信度为（$1-\alpha$）× 100% 的置信区间。

【例 2. 2】　求泊松分布的参数估计。

解：首先产生两列服从泊松分布的随机数据，然后进行参数估计。

≫r = poissrnd（2，20，2）；　%产生参数为 2 的随机数据两组各 20 个数据。

运行结果整理如表 2-2 所示：

表 2-2　随机数据

4	1	3	2	3	4	0	4	3	2	1	2	4	2	1	1	3	3	6	2
0	2	4	0	1	2	1	3	2	1	0	2	2	2	5	6	2	1	3	1

≫ [Lambdahat, Lambdaci] = poissfit（r，0. 05）；　%泊松分布的最大似然估计和置信度为 0. 95 的区间估计。

运行结果如下：

Lambdahat = 2. 5500　2. 0000
Lambdaci = 1. 8986　1. 4288
3. 3528　2. 7234

结果分析：由这两组数据可知，泊松分布的最大似然估计分别为 2. 55 和 2. 00，置信度为 0. 95 的置信区间分别为 [1. 8986，3. 3528] 和 [1. 4288，2. 7234]。

2. 3. 1. 3. 4　正态总体的参数估计

与其他总体相比，正态总体参数估计是最完善的，应用也是最广泛的。在构造正态总体参数的置信区间的过程中，t 分布、F 分布、χ^2 分布以及标准正态分布 $N(0, 1)$ 扮演了重要角色。

函数：muhat

调用格式：[muhat，sigmahat，muci，sigmaci] = normfit（X，ALPHA）

X 为实验数据，ALPHA 为 α（默认值为 0.05），muhat 和 sigmahat 分别是返回正态分布的均值和方差的最大似然估计，muci 和 sigmaci 分别是返回均值和方差的置信度为 $(1-\alpha) \times 100\%$ 的置信区间。

【例 2.3】 随机产生两列服从正态分布的随机数据，然后进行参数估计（置信度为 99%）。

解：

≫r=normrnd（5，1，100，2）；　%产生均值为 5 和方差为 1 的随机数据两组各 100 个数据。

运行结果略。

≫［muhat，sigmahat，muci，sigmaci］=normfit（r，0.01）；　%正态分布的参数的最大似然估计和置信度为 0.99 的置信区间。

运行结果如下：

muhat=5.0479　4.8730

sigmahat=0.8685　0.9447

muci=4.8198　4.6249

　　5.2760　5.1211

sigmaci=0.7330　0.7973

　　1.0596　1.1526

结果分析：两组各 100 个服从正态分布数据的均值的最大似然估计值分别为 5.0479 和 4.8730，方差的最大似然估计值分别为 0.8685 和 0.9447，均值的置信度为 99% 的置信区间分别为［4.8198，5.2760］和［4.6249，5.1211］，方差的置信度为 99% 的置信区间分别为［0.7330，1.0596］和［0.7973，1.1526］。

2.3.1.3.5　一般分布的参数估计

函数：mle

调用格式：[PHAT，PCI] = mle（'dist'，X，ALPHA）

X 为实验数据，ALPHA 为 α（默认值为 0.05），PHAT 为返回 dist 的最大似然估计，PCI 为返回 dist 的置信度为 $(1-\alpha) \times 100\%$ 的置信区间。

【例 2.4】 随机产生 100 个服从 β 分布的数据，相应的分布参数真值为 5 和 4，求最大似然估计和置信度为 0.95 的区间估计。

解：

首先产生服从 β 分布的数据，然后进行参数估计，操作如下：

≫r=betarnd（5，4，100，1）；　%产生 100 个参数为 5 和 4 的 β 分布的随机数 1 列（运行结果略）。

```
≫ [PHAT, PCI] = mle ('beta', r, 0.05)
```

运行结果如下：

```
PHAT=4.9929   4.0385
PCI=3.7199   2.9055
    6.2659   5.1716
```

结果分析：100 个服从 β 分布数据的两个参数的最大似然估计值分别为 4.9929 和 4.0385，参数的置信度为 95%的置信区间分别为 [3.7199, 6.2659] 和 [2.9055, 5.1716]。

2.3.2　单个正态总体参数的区间估计实验

2.3.2.1　实验目的

(1) 掌握单个正态总体均值、方差的区间估计方法。
(2) 会用 MATLAB 求单个正态总体均值、方差的区间估计。

2.3.2.2　实验要求

单个正态分布的参数估计理论和 MATLAB 软件。

2.3.2.3　实验内容

函数：normfit

调用格式：[mu, sigma, muci, sigmaci] =normfit (r, ALPHA)

r 为实验数据，ALPHA 为 α (默认值为 0.05)，muci 返回均值的置信度为 $(1-\alpha)\times 100\%$ 的置信区间，sigmaci 返回标准差的置信度为 $(1-\alpha)\times 100\%$ 的置信区间。

【例 2.5】　某厂从一台机床生产的螺帽中随机抽取 10 个，测得直径 (mm) 如表 2-3 所示：

表 2-3　螺帽直径

螺帽	1	2	3	4	5	6	7	8	9	10
直径	12.5	11.9	12.8	13.2	11.8	12.6	12.5	11.9	12.7	13.0

试对螺帽的均值和标准差给出置信度为 0.95 的区间估计。

解：

输入程序：

r= [12.5　11.9　12.8　13.2　11.8　12.6　12.5　11.9　12.7　13.0];
[mu, sigma, muci, sigmaci] =normfit (r, 0.05)

运行结果如下:

mu=12.4900
sigma=0.4818
muci=12.1454
　　12.8346
sigmaci=0.3314
　　0.8795

结果分析:螺帽的均值和标准差的点估计分别为 12.49 和 0.4818,置信度为 95%的置信区间分别为 [12.1454, 12.8346] 和 [0.3314 , 0.8795]。

2.3.3 两个正态总体参数的区间估计实验

2.3.3.1 实验目的

(1) 掌握两个正态总体均值差、方差比的区间估计方法。
(2) 会用 MATLAB 进行两个正态总体均值差、方差比的区间估计。

2.3.3.2 实验要求

两个正态分布的参数估计理论和 MATLAB 软件。

2.3.3.3 实验内容

2.3.3.3.1 两个正态总体均值差的区间估计

(1) 两个正态总体方差已知时,两总体均值差的区间估计。

MATLAB 统计工具箱没有提供均值差的区间估计命令,这可以通过编程实现。

两正态总体方差已知,分别为 sigma1 和 sigma2。

```
X=input ('请输入正态总体 X 的样本值: \ n');
Y=input ('请输入正态总体 Y 的样本值: \ n');
a=mean (X);      %求样本 X 的均值
b=mean (Y);      %求样本 Y 的均值
n11=size (X);
n22=size (Y);
```

```
n1=n11（:，2）；
n2=n22（:，2）；  %计算样本X和Y的个数
alpha=input（'请输入置信水平：\ n'）；
u= norminv（1-alpha/2）；  %置信区间为1-alpha的U值
sigma1=input（'请输入总体X的方差平方根：\ n'）；
sigma2=input（'请输入总体Y的方差平方根：\ n'）；
d1=a-b-u * sqrt（sigma1. ^2/n1+sigma2. ^2/n2）；  %置信区间下界
d2=a-b+u * sqrt（sigma1. ^2/n1+sigma2. ^2/n2）；  %置信区间上界
```

【例2.6】 由历史资料知道甲乙两个煤矿的含灰率分别服从 $X \sim N(\mu_1, 7.5)$ 和 $Y \sim N(\mu_2, 2.6)$。现从两个矿中各随机抽几个样品检测出含灰率为（%）：

甲矿：24.3 20.8 23.7 21.3 17.4

乙矿：18.2 16.9 20.2 16.7

试计算甲乙两煤矿的平均含灰率差的区间估计。（$\alpha = 0.05$）

解：

输入程序：

```
≫x= [24.3 20.8 23.7 21.3 17.4]；
≫y= [18.2 16.9 20.2 16.7]；
≫a=mean（x）；
≫b=mean（y）；
≫n11=size（x）；
≫n22=size（y）；
≫n1=n11（:，2）；
≫n2=n22（:，2）；
≫alpha=0.05；
≫u=norminv（1-alpha/2）；
≫sigma1=7.5；
≫sigma2=2.6；
≫d1=a-b-u*sqrt（sigma1/n1+sigma2/n2）
≫d2=a-b+u*sqrt（sigma1/n1+sigma2/n2）
```

运行结果：

```
d1=0.6261
d2=6.3739
```

（2）两个正态总体方差未知但等方差时，两总体均值差的区间估计。

函数：ttest2

调用格式：[h，sig，ci] =ttest2（x，y，p，tail）

x和y为实验数据。p为置信度（$1-\alpha$），默认值为0.95。tail表示检验的侧，默认值为0，表示双边区间估计；tail=-1，取到的置信区间是（$-\infty$，b）形式；tail=1，取到的

置信区间是（a，+∞）形式。

【例 2.7】 为比较两个小麦品种的产量，选择 18 块条件相似的试验田，采用相同的耕作方法做试验，结果播种甲品种的 8 块试验田的单位面积产量和播种乙品种的 10 块试验田的单位面积产量（单位：kg）分别为：

甲：628　583　510　554　612　523　530　615

乙：535　433　398　470　567　480　498　560　503　426

假定每个品种的单位面积产量均服从正态分布，且$\sigma_1^2=\sigma_2^2$，试求这两个品种单位面积产量差的置信区间（$\alpha=0.05$）。

解：输入程序：

```
>>x=[628 583 510 554 612 523 530 615];
>>y=[535 433 398 470 567 480 498 560 503 426];
>>[h，sig，ci]=ttest2（x，y）
```

运行结果如下：

```
h=1
sig=0.0045
ci=29.4696 135.2804
```

结果分析：这两个品种单位面积产量差的置信区间为［29.4696，135.2804］。

2.3.3.3.2 两个正态总体方差比的区间估计

MATLAB 统计工具箱没有提供方差比的区间估计命令，这可以通过编程实现。

```
X=input（'请输入正态总体 X 的样本值：\n'）;
Y=input（'请输入正态总体 Y 的样本值：\n'）;
S1=var（X）;    %求样本 X 的方差
S2=var（Y）;    %求样本 Y 的方差
n11=size（x）;
n22=size（y）;
n1=n11（:，2）;
n2=n22（:，2）;    %计算样本 X 和 Y 的个数
alpha=input（'请输入置信水平：\n'）;
f1=finv（1-alpha/2，n1，n2）;    %置信区间为 1-alpha/2 的 F 值
f2=finv（alpha/2，n1，n2）;    %置信区间为 alpha/2 的 F 值
d1= S1/ S2*1/f1;    %置信区间下界
d2= S1/ S2*1/f2;    %置信区间上界
```

【例 2.8】 某车间有两台自动机床加工同一套筒，假设套筒直径服从正态分布，现在从两个班次的产品中分别检查了 5 个和 6 个套筒，得其直径数据如下（单位：cm）：

甲班：5.06　5.08　5.03　5.00　5.07

乙班：4.98　5.03　4.97　4.99　5.02　4.95

试求两个班次加工套筒直径方差比置信度为 95%的置信区间。

解：输入程序：

```
x= [5.06  5.08  5.03  5.00  5.07];
y= [4.98  5.03  4.97  4.99  5.02  4.95];
S1=var (x);   %求样本 X 的方差
S2=var (y);   %求样本 Y 的方差
n11=size (x);
n22=size (y);
n1=n11 (:, 2);
n2=n22 (:, 2);   %计算样本 X 和 Y 的个数
alpha=0.05;
f1=finv (1-alpha/2, n1, n2);   %置信区间为 1-alpha/2 的 F 值
f2=finv (alpha/2, n1, n2);   %置信区间为 alpha/2 的 F 值
d1= S1/ S2*1/f1;   %置信区间下界
d2= S1/ S2*1/f2;   %置信区间上界
```

运行结果：

```
d1=0.1942
d2=8.1154
```

结果分析：两个班次加工套筒直径方差比置信度为 95%的置信区间为 [0.1942, 8.1154]。

2.3.4 总体比率的区间估计实验

2.3.4.1 实验目的

（1）掌握总体比率的区间估计方法。

（2）会用 MATLAB 进行总体比率的区间估计。

2.3.4.2 实验要求

用 MATLAB 估计总体比率的区间。

2.3.4.3 实验内容

总体比率 p 是指具有某种特征 A 的个体在整个总体中所占的比重，当样本容量小时，可使用二项分布计算；在大样本问题中，一般用正态分布拟合。

【例 2.9】 调查某电话呼叫台的服务情况发现：在随机抽取的 200 个呼叫中有 40%需要附加服务，用 p 表示附加服务的比率，求 p 的置信度为 0.95 的置信区间。

解：在命令窗口输入：

```
≫r=200*0.4;
≫n=200;
≫alpha=0.05;
≫ [phat, pci] =binofit (r, n, alpha)
```

结果如下：

```
phat=0.4000
pci=0.3315    0.4715
```

结果分析：比率 p 置信度为 95%的置信区间为［0.3315，0.4715］。

下表显示了常用分布的参数估计函数（见表 2-4）。

表 2-4　MATLAB 统计工具箱中的参数估计函数表

函数名	调用形式	函数说明
binofit	PHAT= binofit (X, N) [PHAT, PCI] = binofit (X, N) [PHAT, PCI] = binofit (X, N, ALPHA)	二项分布的概率的最大似然估计。 置信度为 95%的参数估计和置信区间。 返回水平 α 的参数估计和置信区间。
poissfit	Lambdahat=poissfit (X) [Lambdahat, Lambdaci] =poissfit (X) [Lambdahat, Lambdaci] =poissfit (X, ALPHA)	泊松分布的参数的最大似然估计。 置信度为 95%的参数估计和置信区间。 返回水平 α 的 λ 参数和置信区间。
normfit	[muhat, sigmahat, muci, sigmaci] =normfit (X) [muhat,sigmahat,muci,sigmaci]=normfit(X, ALPHA)	正态分布的最大似然估计，置信度为 95%的置信区间。 返回水平 α 的期望、方差值和置信区间。
normlike	LogL=normlike (params, data) [LogL, avar] =normlike (params, data)	正态分布的负对数似然函数
betafit	PHAT =betafit (X) [PHAT, PCI] = betafit (X, ALPHA)	返回 β 分布参数 a 和 b 的最大似然估计。 返回最大似然估计值和水平 α 的置信区间。
betalike	logL=betalike (params, data) [logL, avar] =betalike (params, data)	Beta 分布的负对数似然函数（注：avar 是参数估计的近似方差，即 sigmahat）。
unifit	[ahat, bhat] = unifit (X) [ahat, bhat, ACI, BCI] = unifit (X) [ahat, bhat, ACI, BCI] =unifit (X, ALPHA)	均匀分布参数的最大似然估计。 置信度为 95%的参数估计和置信区间。 水平 α 的参数估计和置信区间。
expfit	muhat =expfit (X) [muhat, muci] = expfit (X) [muhat, muci] =expfit (X, ALPHA)	指数分布参数的最大似然估计。 置信度为 95%的参数估计和置信区间。 水平 α 的参数估计和置信区间。

续表

函数名	调用形式	函数说明
gamfit	PHAT=gamfit（X） [PHAT，PCI] = gamfit（X） [PHAT，PCI] = gamfit（X，ALPHA）	γ分布参数的最大似然估计。 置信度为95%的参数估计和置信区间。 最大似然估计值和水平α的置信区间。
gemlike	logL=gemlike（params，data） [logL，avar] =gemlike（params，data）	Gama分布的负对数似然函数。
weibfit	PHAT=weibfit（X） [PHAT，PCI] =weibfit（X） [PHAT，PCI] =weibfit（X，ALPHA）	韦伯分布参数的最大似然估计。 置信度为95%的参数估计和置信区间。 返回水平α的参数估计及其区间估计。
weiblike	LogL=weiblike（params，data） [LogL，avar] =weiblike（params，data）	韦伯分布的负对数似然函数。
mle	PHAT=mle（'dist'，data） [PHAT，PCI] =mle（'dist'，data） [PHAT，PCI] =mle（'dist'，data，ALPHA） [PHAT，PCI] =mle（'dist'，data，ALPHA，p1）	分布函数名为dist的最大似然估计。 置信度为95%的参数估计和置信区间。 返回水平α的最大似然估计值和置信区间。 仅用于二项分布，pl为试验总次数。

第3章

假设检验

3.1　实验目的

统计推断的另一个重要问题是假设检验问题，它包括检验总体的分布或总体分布中所含的参数。一般来说，假设检验可以认为是根据样本来推断总体的某些性质和特征的。为了推断总体的某些性质，提出关于总体检验的各种假设，这些假设既可能依据对实际问题的观测而提出，也可能通过理论分析来确定，我们要根据样本提供的信息对所提出的假设作出接受或拒绝的决策，假设检验就是作出这一决策的过程。我们可以在总体分布函数未知的情况下对总体的分布形式进行假设检验，也可以在只知其分布形式但不知其参数的情况下，对总体的一个或多个参数进行假设检验。

本实验的目的在于使学生利用 MATLAB 软件进行假设检验，包括单个正态总体参数的假设检验、两个正态总体参数的假设检验、总体比率的假设检验、总体分布的拟合优度检验、列联表的独立性检验等。

3.2　实验原理

3.2.1　假设检验问题

怎样进行假设检验呢？下面结合一个例子来说明。

【例 3.1】　某自动装罐机罐装净重 500 克的洗洁精。根据以往经验知其净重 $X \sim N(\mu, 25)$，为保证净重的均值为 500 克，需要每天对生产的情况作例行检验，以判断生产线工作是否正常，即能否保证均值为 500 克。某天从罐装的洗洁精中随机抽取 25 瓶，称其重量得观测值 x_1，…，x_{25}，计算其均值为 $\bar{x} = 496$ 克，问当天生产线工作是否正常？

在例 3.1 中：

（1）提出的问题不是一个参数估计问题，而是要对一个命题用“是”与“否”进行作答。此类问题称为统计假设检验问题。

（2）命题“生产线工作是正常的”可转化为命题“净重 X 的均值为 500 克”，而回答命题正确与否涉及总体均值 μ 的两个参数集合：

$$\Theta_0 = \{\mu: \mu = 500\} \text{ 和 } \Theta_1 = \{\mu: \mu \neq 500\}$$

命题“正确”对应$\mu \in \Theta_0 = \{\mu: \mu = 500\}$；命题 “不正确”对应$\mu \in \Theta_1 = \{\mu: \mu \neq 500\}$。

若假设检验问题中假设可用一个参数集合表示，称这样的参数集合为统计假设，记为H_0：$\mu \in \Theta_0$对H_1：$\mu \in \Theta_1$，H_0称为检验问题的原假设，H_1称为检验问题的备择假设。其中Θ_0与Θ_1无交集。此类假设检验问题称为参数假设检验问题，否则称为非参数假设检验问题。上例就是一个参数假设检验问题。

（3）在假设检验问题中，通常根据所给定的条件（如：总体为$X \sim N(\mu, 25)$，$\bar{x} = 496$克等）对原假设H_0作出判断，其结果有二：

“有理由认为原假设不正确”即拒绝H_0；

“没理由认为原假设不正确”即暂且接受H_0，保留继续检验H_0是否正确的权力。

注：上述提到的“理由”将在反证法原理与小概率原理中加以说明。

3.2.1.1 假设检验的基本原理

3.2.1.1.1 反证法原理

在假设检验问题中，通常将我们希望否定的命题作为原假设H_0。因此，我们先假定H_0为真，并由此构造统计检验量，利用抽样结果对原假设H_0加以判定。若不合乎常理的小概率事件发生了，则认为之前假定H_0为真是错误的，故拒绝H_0；否则接受（保留）H_0。

注：判断一个命题为真，需要穷举；但否定一个命题只需举出一个反例即可。

3.2.1.1.2 小概率原理

我们规定，在一次抽检中，小概率事件不发生。

注：①小概率事件不发生是人为规定的，这就是判断假设是否正确的“理由”。事实上小概率事件是可以发生的，因此利用小概率原理作判断就会出现错误（犯第一类错误和第二类错误）。②我们需要对所说的“小概率事件”做出界定，我们将在显著性水平的讲解中加以说明。

3.2.1.2 假设检验的基本步骤

3.2.1.2.1 针对检验问题建立假设H_0与H_1

统计假设检验问题中常用的假设有三类：

（1）假设H_0：$\theta = \theta_0$对H_1：$\theta \neq \theta_0$，此类假设称为双边假设检验；

（2）假设H_0：$\theta \leqslant \theta_0$对$H_1$：$\theta > \theta_0$，此类假设称为右侧假设检验；

（3）假设H_0：$\theta \geqslant \theta_0$对$H_1$：$\theta < \theta_0$，此类假设称为左侧假设检验；

假设（2）（3）统称为单侧（边）假设检验。

3.2.1.2.2 选择统计检验量，给出拒绝域的表达形式

为了判断 H_0 是否为真，需要构造一个统计量用以检验 H_0。这个检验量通常是由样本和参数的点估计量构造的函数，我们称之为检验统计量。这种做法有无道理？实际上用样本均值 $\bar{X}$ 的取值衡量 μ 是合理的，因为 $\bar{X}$ 是 μ 的非常好的估计量，通俗地说，$\bar{X}$ 是 μ 的代表。另外依据大数定律，当 n 较大时，$\bar{X}$ 取值在 μ 的附近是大概率事件，远离 μ 是小概率事件。

在例 3.1 中，建立假设 H_0：$\mu=\mu_0=500$，H_1：$\mu\neq\mu_0=500$

当 H_0 为真时，μ_0 的点估计量 $\bar{x}$ 与 μ_0 的差异不应太大，且有

$$Z=\frac{\bar{x}-\mu_0}{\sigma}\sqrt{n}\sim N(0,\ 1)$$

当 $|\bar{x}-\mu_0|$ 过大时，$|Z|$ 也会过大；当 $|Z|$ 超过给定的值 c 时，则认为其不合乎常理，认为此次抽检中不合乎常理的“小概率事件”发生了，从而拒绝 H_0，c 被称为临界值。

$W=\{(x_1,\ \cdots,\ x_n):\ |Z|\geqslant c\}$ 为拒绝域。其中 $P(W)$ 就是我们所说的“小概率事件”。

3.2.1.2.3 给定显著性水平 α

问题是事件的概率有多小，才能被称为“小概率事件”呢？这就需要人为去划定一个标准（即给定一个具体的概率值 α），也就是我们所说的显著性水平。

在检验中小概率事件不发生是人为规定的，但事实上这样的事件是可以发生的。这就导致检验可能会犯两类错误（见表 3-1）：

（1）当原假设 H_0 为真时，样本的随机性导致观测值落入了拒绝域 W，从而做出了拒绝 H_0 的结论，此时就会犯弃真的错误，这类错误也称为假设检验的第一类错误；其发生的概率记为 $\alpha(\mu)$，$\alpha(\mu)=P(\text{拒绝 } H_0|H_0)=P_{\mu_0}(|Z|\geqslant c)$。

（2）当原假设 H_0 不真时，样本的随机性导致观测值落入了接受域 $\bar{W}$，从而做出了保留 H_0 的结论，此时就会犯纳伪的错误，这类错误也称为假设检验的第二类错误；其发生的概率记为 $\beta(\mu)$，$\beta(\mu)=P(\text{保留 } H_0|H_1)=P_{\mu\neq\mu_0}(|Z|<c)$。

表 3-1 假设检验的两类错误

		真实情况	
		H_0 成立	H_0 不成立
假设检验结果	拒绝 H_0	犯第Ⅰ类错误（弃真错误）	推断正确
	接受 H_0	推断正确	犯第Ⅱ类错误（纳伪错误）

在假设检验中，我们总希望犯两类错误的概率都尽可能地小，但理论研究表明：当样本容量固定时，若使 $\alpha(\mu)$ 变小必导致 $\beta(\mu)$ 变大，使 $\beta(\mu)$ 变小必导致 $\alpha(\mu)$ 变大，只有当样本容量不断增大时，才能使 $\alpha(\mu)$ 与 $\beta(\mu)$ 同时变小。

为此，我们提出了一个折中方案：控制犯第一类错误的概率 $\alpha(\mu)$，但不要使它过小，从而在控制 $\alpha(\mu)$ 的同时，尽量制约犯第二类错误的概率 $\beta(\mu)$ 不要太大，这样给定的 α 称为假设检验的显著性水平（通常 $0 < \alpha \leqslant 0.1$）。即给定 α，使得 $\alpha(\mu) \leqslant \alpha$，且 $\alpha(\mu)$ 尽量靠近或取到 α，以保证 $\beta(\mu)$ 尽可能地小。

3.2.1.2.4 确定临界值

在上例中，给定显著性水平 α，拒绝域 $W = \{(x_1, \cdots, x_n): |Z| \geqslant c\}$，有

$$\alpha(\mu) = P(\text{拒绝 } H_0 | H_0) = P_{\mu_0}(|Z| \geqslant c) = 2(1 - \Phi(c))$$

得到 $\Phi(c) = 1 - \dfrac{\alpha}{2}$，则 $c = u_{\frac{\alpha}{2}}$，从而得到拒绝域 $W = \{(x_1, \cdots, x_n): |Z| \geqslant u_{\frac{\alpha}{2}}\}$。

3.2.1.2.5 判断下结论

根据样本观测值计算检验统计量观测值，由此确定是否拒绝 H_0。若拒绝 H_0，则选择接受 H_1，否则就接受 H_0。

3.2.2 单个正态总体参数的假设检验

无论是理论研究还是实际应用，正态分布在各种概率分布中都占有重要地位。一方面，许多自然现象和社会经济现象，都可以或近似地用正态分布来描述；另一方面，正态分布有比较简单的数学表达式，只要掌握它的两个参数就可以掌握分布情况。

3.2.2.1 均值 μ 的检验

假设总体为 $X \sim N(\mu, \sigma^2)$，$X_1, \cdots, X_n$ 是来自总体 X 的简单随机样本，$\bar{X}$ 是样本均值，S^2 是样本方差。

3.2.2.1.1 σ^2 已知时，Z 检验

由于 σ^2 已知，选择的检验统计量为 $Z = \dfrac{\bar{X} - \mu_0}{\sigma / \sqrt{n}}$。

3.2.2.1.1.1 假设 H_0：$\mu = \mu_0$，H_1：$\mu \neq \mu_0$

在 H_0 成立时，$Z \sim N(0, 1)$，拒绝域为 $W = \{|Z| \geqslant c\}$，对给定的显著性水平 α，在 H_0 为真时，犯第一类错误的概率为

$$\alpha(\mu)=P_{\mu_0}(|Z|\geqslant c)=P_{\mu_0}\left(\left|\frac{\bar{X}-\mu_0}{\sigma/\sqrt{n}}\right|\geqslant c\right)=2-2\Phi(c)=\alpha\text{，得到 } c=u_{\frac{\alpha}{2}}\text{，}$$

因此 H_0 的拒绝域为 $\{|Z|\geqslant u_{\frac{\alpha}{2}}\}$（见图 3-1）。

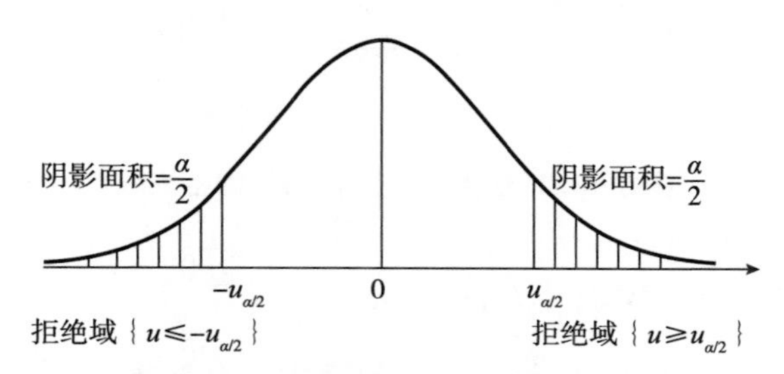

图 3-1 U 检验下 H_0：$\mu=\mu_0$ 的拒绝域

3.2.2.1.1.2 假设 H_0：$\mu\geqslant\mu_0$，H_1：$\mu<\mu_0$

在 H_0 成立时，Z 不能过小，Z 过小是小概率事件。拒绝域的形式为 $W=\{Z<c\}$。犯第一类错误的概率为

$$\alpha(\mu)=P_\mu(Z<c)=P_\mu\left(\frac{\bar{X}-\mu_0}{\sigma/\sqrt{n}}<c\right)=P_\mu\left(\frac{\bar{X}-\mu}{\sigma/\sqrt{n}}<c+\frac{\mu_0-\mu}{\sigma/\sqrt{n}}\right)=\Phi\left(c+\frac{\mu_0-\mu}{\sigma/\sqrt{n}}\right)$$

由此看出：在 $\mu\geqslant\mu_0$ 时，$\alpha(\mu)$ 是 μ 的严格减函数。当 $\mu=\mu_0$ 时 $\alpha(\mu)$ 达到最大值 $\alpha(\mu_0)$，即

$$\text{当 }\mu=\mu_0\text{ 时，}\alpha(\mu)\leqslant\alpha(\mu_0)=\Phi(c)$$

这表明：对给定的显著性水平 α，只要令 $\alpha(\mu_0)=\alpha$，那么当 $\mu\geqslant\mu_0$ 时，就有 $\alpha(\mu)\leqslant\alpha$，从而把犯第一类错误的概率控制在 α 或 α 以下，最后由 $\alpha(\mu_0)=\alpha$，得到 $c=-u_\alpha$，即检验的拒绝域为 $\{Z\leqslant-u_\alpha\}$（见图 3-2）。

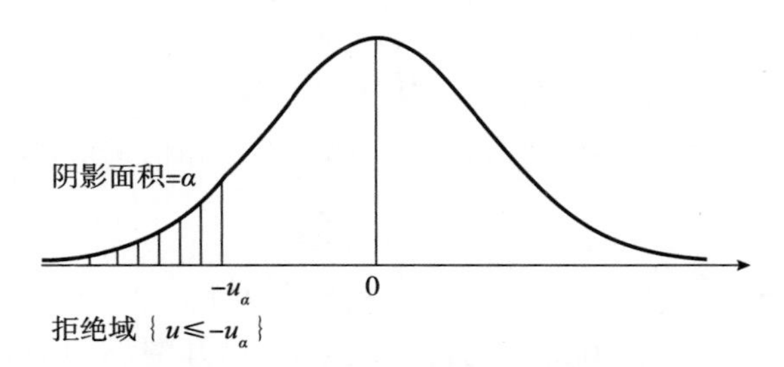

图 3-2 U 检验下 H_0：$\mu\geqslant\mu_0$ 的拒绝域

3.2.2.1.1.3 假设 H_0：$\mu\leqslant\mu_0$，H_1：$\mu>\mu_0$

在 H_0 成立时，Z 不能过大，Z 过大是小概率事件。进行类似于情形 3.2.2.1.1.2 的推导，可得 H_0 的拒绝域为 $\{Z\geqslant u_\alpha\}$（见图 3-3）。

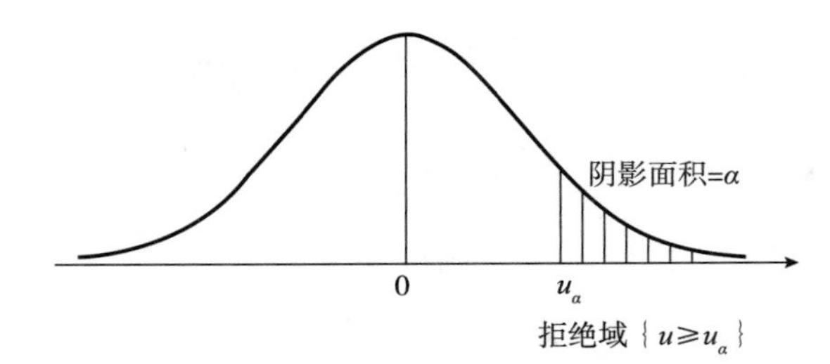

图 3-3　U 检验下 H_0：$\mu \leq \mu_0$ 的拒绝域

3.2.2.1.2　σ^2 未知时，t 检验

在许多实际问题中总体标准差 σ 是未知的，我们自然想到用 σ^2 的无偏估计 S^2 代替 σ^2。因此选择的检验统计量为 $t = \dfrac{\bar{X} - \mu_0}{S/\sqrt{n}}$。

3.2.2.1.2.1　假设 H_0：$\mu = \mu_0$，H_1：$\mu \neq \mu_0$

在 H_0 为真时，$t \sim t(n-1)$。此时，t 不能过大也不能过小，t 过大或过小是小概率事件。由 $P\{|t| \geq t_{\frac{\alpha}{2}}\} = \alpha$，得到 H_0 的拒绝域为 $\{|t| \geq t_{\frac{\alpha}{2}}(n-1)\}$（见图 3-4）。

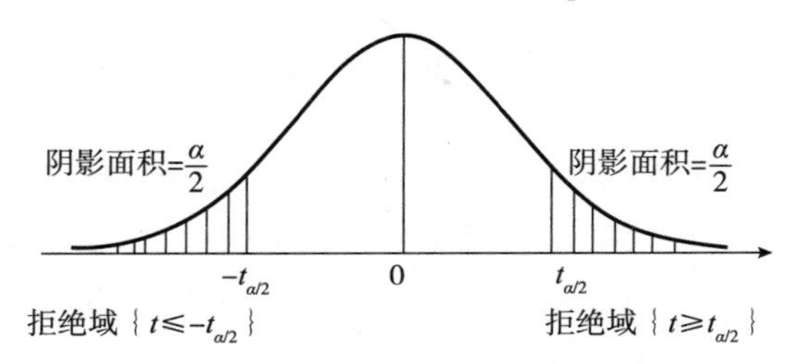

图 3-4　t 检验下 H_0：$\mu = \mu_0$ 的拒绝域

3.2.2.1.2.2　假设 H_0：$\mu \leq \mu_0$，H_1：$\mu > \mu_0$

在 H_0 为真时，t 的分布无法确定，进行类似于 σ^2 已知情形的推导，得到 H_0 的拒绝域为 $\{t \geq t_\alpha(n-1)\}$。

3.2.2.1.2.3　假设 H_0：$\mu \geq \mu_0$，H_1：$\mu < \mu_0$

在 H_0 为真时，t 的分布无法确定，进行类似于 σ^2 已知情形的推导，得到 H_0 的拒绝域为 $\{t \leq -t_\alpha(n-1)\}$。

注：在单侧假设检验中，我们是选左侧假设检验，还是选右侧假设检验？根据经验，在均值 μ 的假设检验中，先计算样本均值 $\bar{x}$，如果 $\bar{x} < \mu_0$，选用左侧假设检验更好。如果 $\bar{x} > \mu_0$，选用右侧假设检验更好。其他问题的单侧检验选择也类似，比如参数 θ 的单侧检验，当由样本算得 θ 的估计值 $\hat{\theta}$ 满足 $\hat{\theta} < \theta_0$ 时，一般选用左侧假设检验好一些；如果 $\hat{\theta} > \theta_0$ 时，一般选用右侧假设检验好一些。

3.2.2.2　方差 σ^2 的检验

假设总体为 $X \sim N(\mu, \sigma^2)$，X_1，…，X_n 是来自总体 X 的简单随机样本，$\bar{X}$ 是样本均值，S^2 是样本方差。

由于 S^2 是 σ^2 的无偏估计，选用检验统计量 $\chi^2 = \dfrac{(n-1)S^2}{\sigma_0^2}$。

3.2.2.2.1　假设 H_0：$\sigma^2 = \sigma_0^2$，H_1：$\sigma^2 \neq \sigma_0^2$

当 H_0 为真时，在给定的显著性水平 α 下，拒绝域为

$$W = \{\chi^2 \leqslant \chi^2_{1-\frac{\alpha}{2}}(n-1)\} \cup \{\chi^2 \geqslant \chi^2_{\frac{\alpha}{2}}(n-1)\}$$

然后计算出 χ^2 的观察值，视其是否落入拒绝域而作出拒绝或接受 H_0 的判断。

3.2.2.2.2　假设 H_0：$\sigma^2 \leqslant \sigma_0^2$，$H_1$：$\sigma^2 > \sigma_0^2$

当 H_0 为真时，在给定的显著性水平 α 下，进行类似于均值检验的推导，拒绝域为 $W = \{\chi^2 \geqslant \chi^2_{\alpha}(n-1)\}$，然后计算出 χ^2 的观察值，视其是否落入拒绝域而作出拒绝或接受 H_0 的判断。

3.2.2.2.3　假设 H_0：$\sigma^2 \geqslant \sigma_0^2$，$H_1$：$\sigma^2 < \sigma_0^2$

当 H_0 为真时，在给定的显著性水平 α 下，进行类似于均值检验的推导，拒绝域为 $W = \{\chi^2 \leqslant \chi^2_{1-\alpha}(n-1)\}$，然后计算 χ^2 的观察值，视其是否落入拒绝域而作出拒绝或接受 H_0 的判断。

3.2.3　两个正态总体参数的假设检验

设总体 X 和 Y 分别服从正态分布 $N(\mu_x, \sigma_x^2)$ 和 $N(\mu_y, \sigma_y^2)$，$(X_1, \cdots, X_{n_x})$ 和 $(Y_1, \cdots, Y_{n_y})$ 分别是总体 X 和 Y 的容量为 n_x 和 n_y 的样本，$\bar{X} = \dfrac{1}{n_x}\sum_{i=1}^{n_x} X_i$ 和 $\bar{Y} = \dfrac{1}{n_y}\sum_{j=1}^{n_y} Y_j$ 分别是两个样本的均值，$S_x^2 = \dfrac{1}{n_x - 1}\sum_{i=1}^{n_x}(X_i - \bar{X})^2$ 和 $S_y^2 = \dfrac{1}{n_y - 1}\sum_{j=1}^{n_y}(Y_j - \bar{Y})^2$ 分别是两个样本的方差。

两个正态总体参数的假设检验，就是比较 μ_x 与 μ_y 之间、σ_x^2 与 σ_y^2 之间的关系。

3.2.3.1　均值 μ_x 与 μ_y 的比较

3.2.3.1.1　当 σ_x^2 及 σ_y^2 已知时

由于 σ_x^2 和 σ_y^2 已知，因此选用检验统计量为 $Z = \dfrac{\bar{X} - \bar{Y}}{\sqrt{\dfrac{\sigma_x^2}{n_x} + \dfrac{\sigma_y^2}{n_y}}}$。

3.2.3.1.1.1　假设 H_0：$\mu_x=\mu_y$，H_1：$\mu_x\neq\mu_y$

若 H_0 为真，有 $\mu_x=\mu_y$。由于 $\bar{X}$ 与 $\bar{Y}$ 分别是 μ_x 与 μ_y 的估计，因此 $|\bar{X}-\bar{Y}|$ 不能过大，$|Z|$ 也不能过大，$|U|$ 过大是小概率事件。由 $P(|Z|>u_{\frac{\alpha}{2}})=\alpha$ 可得 H_0 的拒绝域为 $\{|Z|>u_{\frac{\alpha}{2}}\}$。

3.2.3.1.1.2　假设 H_0：$\mu_x\geqslant\mu_y$，H_1：$\mu_x<\mu_y$

若 H_0 为真，有 $\mu_x\geqslant\mu_y$，此时，Z 不能过小，U 过小是小概率事件。通过类似于单个正态总体均值检验的推导，可得 H_0 的拒绝域为 $\{Z\leqslant-u_\alpha\}$。

3.2.3.1.1.3　假设 H_0：$\mu_x\leqslant\mu_y$，H_1：$\mu_x>\mu_y$

若 H_0 为真，有 $\mu_x\leqslant\mu_y$，此时，Z 不能过大，Z 过大是小概率事件。通过类似于单个正态总体均值检验的推导，可得 H_0 的拒绝域为 $\{Z\geqslant u_\alpha\}$。

3.2.3.1.2　当 σ_x^2 及 σ_y^2 未知（但是 σ_x^2 与 σ_y^2 相等为已知条件）时

由于 σ_x^2 及 σ_y^2 未知，考虑用 S_x^2 和 S_y^2 分别近似替代 σ_x^2 和 σ_y^2，为使分布已知，因此应选用检验统计量 $t=\dfrac{\bar{X}-\bar{Y}}{\sqrt{\dfrac{(n_x-1)S_x^2+(n_y-1)S_y^2}{n_x+n_y-2}}\sqrt{\dfrac{1}{n_x}+\dfrac{1}{n_y}}}$。

3.2.3.1.2.1　假设 H_0：$\mu_x=\mu_y$，H_1：$\mu_x\neq\mu_y$

若 H_0 为真，有 $\mu_x=\mu_y$，此时，$|t|$ 不能过大，$|t|$ 过大是小概率事件。通过类似于单个正态总体均值检验的推导，可得 H_0 的拒绝域为 $\{|t|\geqslant t_{\frac{\alpha}{2}}(n_x+n_y-2)\}$。

3.2.3.1.2.2　假设 H_0：$\mu_x\geqslant\mu_y$，H_1：$\mu_x<\mu_y$

若 H_0 为真，有 $\mu_x\geqslant\mu_y$，t 不能过小，t 过小是小概率事件。通过类似于单个正态总体均值检验的推导，可得 H_0 的拒绝域为 $\{t\leqslant-t_\alpha(n_x+n_y-2)\}$。

3.2.3.1.2.3　假设 H_0：$\mu_x\leqslant\mu_y$，H_1：$\mu_x>\mu_y$

若 H_0 为真，有 $\mu_x\leqslant\mu_y$，此时，t 不能过大，t 过大是小概率事件。通过类似于单个正态总体均值检验的推导，可得 H_0 的拒绝域为 $\{t\geqslant t_\alpha(n_x+n_y-2)\}$。

3.2.3.2　方差 σ_x^2 与 σ_y^2 的比较

由于 μ_x 与 μ_y 未知，因此选用检验统计量 $F=\dfrac{S_x^2}{S_y^2}$。

3.2.3.2.1　假设 H_0：$\sigma_x^2=\sigma_y^2$，H_1：$\sigma_x^2\neq\sigma_y^2$

若 H_0 为真，有 $\sigma_x^2=\sigma_y^2$，F 既不能过大，也不能过小。F 过大与 F 过小是小概率事件，

于是 H_0 的拒绝域为 $\{F \leqslant F_{1-\frac{\alpha}{2}}(n_x-1, n_y-1)\} \cup \{F \geqslant F_{\frac{\alpha}{2}}(n_x-1, n_y-1)\}$ 。

3.2.3.2.2　假设 H_0：$\sigma_x^2 \geqslant \sigma_y^2$，$H_1$：$\sigma_x^2 < \sigma_y^2$

若 H_0 为真，有 $\sigma_x^2 \geqslant \sigma_y^2$，$F$ 大一些较合理，F 过小不合理，F 过小是小概率事件。于是，H_0 的拒绝域为 $\{F \leqslant F_{1-\alpha}(n_x-1, n_y-1)\}$ 。

3.2.3.2.3　假设 H_0：$\sigma_x^2 \leqslant \sigma_y^2$，$H_1$：$\sigma_x^2 > \sigma_y^2$

若 H_0 为真，有 $\sigma_x^2 \leqslant \sigma_y^2$，$F$ 不能过大，F 过大是小概率事件。于是 H_0 的拒绝域为 $\{F \geqslant F_\alpha(n_x-1, n_y-1)\}$ 。

注：非正态总体均值的假设检验的基本处理思想为：如果样本容量充分大，那么根据中心极限定理，样本均值 $\bar{X}$ 的抽样分布近似服从正态分布，因此可以用检验正态总体均值的方法来处理任何总体均值的检验。

3.2.4　总体比率的假设检验

总体比率 p 指具有某种特征 A 的个体在整个总体中所占的比重。在实际应用中，许多问题都是总体比率的检验问题，如成活率、死亡率、孵化率、感染率、阳性率等，检验方法分为小样本和大样本方法。当样本容量较小时，使用二项分布，计算比较复杂。而实际中遇到的问题大多是大样本问题，所以我们只介绍大样本方法。

3.2.4.1　单个总体比率的检验

设 p 表示在总体中具有某种特征 A 的个体所占的比重，而 $p_0(0 < p_0 < 1)$ 是一个给定值。一个总体比率的检验，实际上就是未知的比率 p 与给定值 p_0 的比较。

设 X_1，…，X_n 是取自总体 $X \sim B(1, p)$ 的样本。$\hat{p} = \frac{1}{n}\sum_{i=1}^{n} X_i$ 为样本均值，它是总体比率 p 的估计。在假设 H_0 成立的条件下，选择检验统计量 $Z = \dfrac{\hat{p} - p_0}{\sqrt{\dfrac{p_0(1-p_0)}{n}}}$ 。

由中心极限定理知，当样本容量 n 充分大时，有 $Z \sim AN(0, 1)$ 。因此，可以用与正态总体均值检验完全类似的方法构造拒绝域。

（1）当检验 H_0：$p = p_0$，H_1：$p \neq p_0$ 时，拒绝域为 $\{|Z| \geqslant u_{\frac{\alpha}{2}}\}$ 。

（2）当检验 H_0：$p \leqslant p_0$，H_1：$p > p_0$ 时，拒绝域为 $\{Z \geqslant u_\alpha\}$ 。

（3）当检验 H_0：$p \geqslant p_0$，H_1：$p < p_0$ 时，拒绝域为 $\{Z \leqslant -u_\alpha\}$ 。

3.2.4.2 两个总体比率的检验

在实际工作中，有时需要检验两个总体比率的差异是否显著，其目的在于检验两个总体比率 p_x 和 p_y 是否相同。当两样本的容量 n_1 和 n_2 很大时，可以把两个总体的分布近似看成正态分布。根据正态分布的性质，两个正态分布的和或差仍然服从正态分布。因此，可以采用 U 检验法进行检验。

当 n_1 和 n_2 较大时，根据中心极限定理，$\dfrac{(\hat{p}_x - \hat{p}_y) - (p_x - p_y)}{\sqrt{\dfrac{p_x(1-p_x)}{n_x} + \dfrac{p_y(1-p_y)}{n_y}}} \sim AN(0, 1)$，选择

统计量 $Z = \dfrac{\hat{p}_x - \hat{p}_y}{\sqrt{\dfrac{\hat{p}_x(1-\hat{p}_x)}{n_x} + \dfrac{\hat{p}_y(1-\hat{p}_y)}{n_y}}}$，其中 $\hat{p}_x = \dfrac{1}{n_x}\sum_{i=1}^{n_x} X_i$，$\hat{p}_y = \dfrac{1}{n_y}\sum_{i=1}^{n_y} Y_i$。

（1）当检验 H_0：$p_x = p_y$，H_1：$p_x \neq p_y$ 时，拒绝域为 $\{|Z| \geq u_{\frac{\alpha}{2}}\}$。

（2）当检验 H_0：$p_x \leq p_y$，H_1：$p_x > p_y$ 时，拒绝域为 $\{Z \geq u_\alpha\}$。

（3）当检验 H_0：$p_x \geq p_y$，H_1：$p_x < p_y$ 时，拒绝域为 $\{Z \leq -u_\alpha\}$。

3.2.5 总体分布的拟合优度检验

在实际应用中，我们对总体的分布知之甚少，因此首先要研究总体分布的性质。一般来说，总体的精确分布很复杂也很难确定，在这种情况下只能寻找总体的极限分布或近似的已知分布。通常的做法是采用拟合优度检验对样本数据进行假设检验。到目前为止，拟合优度检验的方法很多，发展也比较成熟，在这些拟合优度检验方法中，χ^2 拟合优度检验法是最重要也是最常用的拟合优度检验方法之一。

设总体 X 的分布函数为具有明确表达式的 $F(x)$（例如它可以属于正态分布、指数分布、泊松分布、二项分布等）。把随机变量 X 的值域 R 划分成 k 个互不相容的区间 $A_1 = (a_0, a_1]$，$A_2 = (a_1, a_2]$，…，$A_k = (a_{k-1}, a_k]$，每个小区间的长度不一定相同。设 x_1，…，x_n 是容量为 n 的样本的一组观测值，n_i 为样本观测值落在区间 A_i 内的频数，$\sum_{i=1}^{k} n_i = n$，则此试验中事件 A_i 出现的频率为 $f(A_i) = \dfrac{n_i}{n}$。

现在要检验原假设 H_0：$F(x) = F_0(x)$。设在原假设 H_0 成立的条件下，总体 X 落入区间 A_i 内的概率为 p_i，即

$$p_i = P(A_i) = F_0(a_i) - F_0(a_{i-1}),\ i = 1, 2, \cdots, k$$

那么此时 n 个观测值中，恰有 n_1 个落入 A_1 中、n_2 个落入 A_2 中，…，n_k 个落入 A_k 中的概率为 $\dfrac{n!}{n_1!\ n_2!\ \cdots n_k!} p_1^{n_1} p_2^{n_2} \cdots p_k^{n_k}$，这是一个多项分布。

按照大数定律，在原假设 H_0 为真时，频率 $f(A_i)=\frac{n_i}{n}$ 与概率 p_i 的差异不应太大，根据这个思想，皮尔逊构造了χ^2 统计量$\chi^2=\sum_{i=1}^{k}\frac{(n_i-np_i)^2}{np_i}$。

当原假设 H_0：$F(x)=F_0(x)$ 为真时，即 p_1，p_2，…，p_k 为总体的真实概率时，统计量 $\chi^2=\sum_{i=1}^{k}\frac{(n_i-np_i)^2}{np_i}$ 的渐进分布是自由度为 $k-1$ 的χ^2 分布。

设 $F(x;\theta_1,\theta_2,\cdots,\theta_m)$ 为总体的真实分布，含有 m 个未知参数。在 $F(x;\theta_1,\theta_2,\cdots,\theta_m)$ 中用 θ_1，θ_2，…，θ_m 的最大似然估计 $\hat{\theta}_1$，$\hat{\theta}_2$，…，$\hat{\theta}_m$ 代替 θ_1，θ_2，…，θ_m，并且用 $F(x;\hat{\theta}_1,\hat{\theta}_2,\cdots,\hat{\theta}_m)$ 来估计 p_i，即

$$\hat{p}_i=F(a_i;\hat{\theta}_1,\hat{\theta}_2,\cdots,\hat{\theta}_m)-F(a_{i-1};\hat{\theta}_1,\hat{\theta}_2,\cdots,\hat{\theta}_m)$$

当 n 充分大时，统计量$\chi^2=\sum_{i=1}^{k}\frac{(n_i-n\hat{p}_i)^2}{n\hat{p}_i}$ 服从自由度为 $k-m-1$ 的χ^2 分布。

总体分布假设的皮尔逊χ^2 检验法的检验步骤如下：

（1）把总体的值域划分成 k 个互不相容的区间 $A_i=(a_i,a_{i+1}]$，$i=1,2,\cdots,k$；其中 a_i、a_{i+1} 可分别取 $-\infty$、$+\infty$（每个区间内必须包含不少于5个个体，否则，可把包含少于5个个体的区间并入其相邻的区间，或把几个频数都少于5的但不一定相邻的区间并成一个区间）；

（2）在原假设 H_0：$F(x)=F_0(x)$ 为真的情况下，用最大似然法估计总体分布所含的未知参数；

（3）在原假设 H_0：$F(x)=F_0(x)$ 为真的情况下，计算理论概率

$$p_i=F_0(a_{i+1})-F_0(a_i),\ i=1,2,\cdots,k$$

并计算出理论频数 np_i；

（4）按照样本观测值 x_1，…，x_n 落在 $A_i=(a_i,a_{i+1}]$（$i=1,2,\cdots,k$）中的个数，即实际频数 n_i（$i=1,2,\cdots,k$）和理论频数 np_i，计算 $\frac{(n_i-np_i)^2}{np_i}$ 的值；

（5）按照给定的显著性水平 α，查自由度为 $k-m-1$ 的χ^2 分布表得$\chi^2_\alpha(k-m-1)$，其中 m 是未知参数的个数；

（6）若$\chi^2=\sum_{i=1}^{k}\frac{(n_i-np_i)^2}{np_i}>\chi^2_\alpha(k-m-1)$，则拒绝 H_0；否则，接受 H_0。

3.2.6　列联表的独立性检验

考察一个二维总体 (X,Y)，检验 H_0：X 与 Y 相互独立。

将这两个随机数量的取值范围分别分成 r 个和 c 个互不相交的区间 A_1，…，A_r 和 B_1，…，B_c，从总体 (X,Y) 中抽取容量为 n 的子样 (x_1,y_1)，(x_2,y_2)，…，(x_n,y_n)，用 n_{ij} 表示子

样落在 $A_i \times B_j$ ($i = 1, 2, \cdots, r$; $j = 1, 2, \cdots, c$) 的个数，将这 rc 个数据列于表 3-2 中：

表 3-2　列联表

B \ A	B_1	B_2	$\cdots$	B_c	行和 $n_{i\cdot}$
A_1	n_{11}	n_{12}	$\cdots$	n_{1c}	$n_{1\cdot}$
A_2	n_{21}	n_{22}	$\cdots$	n_{2c}	$n_{2\cdot}$
$\vdots$	$\vdots$	$\vdots$	$\cdots$	$\vdots$	$\vdots$
A_r	n_{r1}	n_{r2}	$\cdots$	n_{rc}	$n_{r\cdot}$
列和 $n_{\cdot j}$	$n_{\cdot 1}$	$n_{\cdot 2}$	$\cdots$	$n_{\cdot c}$	总和 n

上表称为列联表。

记 $p_{ij} \triangleq P(X \in A_i, Y \in B_j)$，其中 $i = 1, 2, \cdots, r$; $j = 1, 2, \cdots, c$，$p_{i\cdot} \triangleq P(X \in A_i)$，其中 $i = 1, 2, \cdots, r$; $p_{\cdot j} \triangleq P(Y \in B_j)$，其中 $j = 1, 2, \cdots, c$

$$p_{i\cdot} = \sum_{j=1}^{c} p_{ij},\ p_{\cdot j} = \sum_{i=1}^{r} p_{ij},\ \sum_{i=1}^{r} p_{i\cdot} = \sum_{j=1}^{c} p_{\cdot j} = 1$$

等价检验 H_0: $p_{ij} = p_{i\cdot}\, p_{\cdot j}$ ($i = 1, 2, \cdots, r$; $j = 1, 2, \cdots, c$)。

对数似然函数为

$$\begin{aligned} l &= \ln\left(\prod_{i=1}^{r}\prod_{j=1}^{c} p_{ij}^{n_{ij}}\right) = \ln\left[\prod_{i=1}^{r}\prod_{j=1}^{c} (p_{i\cdot}\, p_{\cdot j})^{n_{ij}}\right] \\ &= \ln\left[\prod_{i=1}^{r} (p_{i\cdot})^{n_{i\cdot}} \prod_{j=1}^{c} (p_{\cdot j})^{n_{\cdot j}}\right] = \sum_{i=1}^{r} n_{i\cdot} \ln p_{i\cdot} + \sum_{j=1}^{c} n_{\cdot j} \ln p_{\cdot j} \end{aligned}$$

令 $Q = \sum_{i=1}^{r} n_{i\cdot} \ln p_{i\cdot} + \sum_{j=1}^{c} n_{\cdot j} \ln p_{\cdot j} + \lambda\left(1 - \sum_{i=1}^{r} p_{i\cdot}\right)$，有

$$\begin{cases} \dfrac{\partial Q}{\partial p_{i\cdot}} = \dfrac{n_{i\cdot}}{p_{i\cdot}} - \lambda \triangleq 0 (i = 1, 2, \cdots, r) \Rightarrow n_{i\cdot} = \lambda p_{i\cdot} \\ \dfrac{\partial Q}{\partial \lambda} = 1 - \sum_{i=1}^{r} p_{i\cdot} \triangleq 0 \end{cases}$$

得到最大似然估计

$$\hat{\lambda} = \sum_{i=1}^{r} n_{i\cdot} = n,\ \hat{p}_{i\cdot} = \frac{n_{i\cdot}}{n},\ \hat{p}_{\cdot j} = \frac{n_{\cdot j}}{n}$$

根据费希尔（Fisher）定理有

$$\chi^2 = \sum_{i=1}^{r}\sum_{j=1}^{c} \frac{(n_{ij} - n\hat{p}_{ij})}{n\hat{p}_{ij}} \xrightarrow{L} \chi^2(rc - (r + c - 2) - 1) = \chi^2((r - 1)(c - 1))$$

其中，$\hat{p}_{ij} = \dfrac{n_{i\cdot}\, n_{\cdot j}}{n^2}$。

3.3　实验过程

3.3.1　单个正态总体参数的假设检验实验

3.3.1.1　实验目的

（1）掌握单个正态总体均值与方差的假设检验方法。
（2）会用 MATLAB 进行单个正态总体均值与方差的假设检验。

3.3.1.2　实验要求

熟悉 MATLAB 进行假设检验的基本命令与操作。

3.3.1.3　实验内容

3.3.1.3.1　单个正态总体均值的检验

3.3.1.3.1.1　方差已知时，均值的检验

函数：ztest

调用格式：[H，SIG] = ztestz（X，M，sigma，ALPHA，TAIL）

X 为样本值，M 为 μ_0，sigma 为标准差，ALPHA 为显著性水平 α（默认值为 0.05），TAIL=0 时，表示备择假设为“期望值不等于 M”（双侧检验）；TAIL=1 时，表示备择假设为“期望值大于 M”（右侧检验）；TAIL=-1 时，表示备择假设为“期望值小于 M”（左侧检验）。

当标准差 sigma 已知时，此函数用来判断来自一正态分布的样本的期望值是否可用 M 来估计。在没有重新设置的情况下，ALPHA 和 TAIL 的默认值分别为 0.05 和 0。SIG 是原假设为真时得到的观察值的概率，当 SIG 为小概率的时候对原假设提出质疑。H=0 表示在显著性水平为 ALPHA 的情况下，不能拒绝原假设；H=1 表示在显著性水平为 ALPHA 的情况下，拒绝原假设。

【例 3.2】　某车间用一台包装机包装葡萄糖，包装的袋装糖重量是一个随机变量 X（单位：kg），服从正态分布。当机器正常运行时，其均值为 0.5kg，标准差为 0.015。某

日开工后为检验包装机是否正常运行，随机地抽取所包装的糖9袋，称得净重为：

0.497　0.506　0.518　0.524　0.498　0.511　0.52　0.515　0.512

问：包装机工作是否正常？

解：

假设 H_0：$\mu=\mu_0=0.5$，H_1：$\mu\neq\mu_0$。

输入程序：

```
≫X= [0.497  0.506  0.518  0.524  0.498  0.511  0.52  0.515  0.512];
≫ [h, sig] =ztest (X, 0.5, 0.015, 0.05, 0)
```

运行结果：

```
h=1
sig=0.0248
```

结果表明：h=1 表示在 0.05 的水平下可拒绝原假设，即认为包装机工作不正常。

3.3.1.3.1.2　方差未知时均值的检验

函数：ttest

调用格式：H= ttest（X，M，ALPHA，TAIL）

X 为样本值，M 为 μ_0，ALPHA 为显著性水平 α（默认值为 0.05），TAIL=0 时，表示备择假设为“期望值不等于 M”（双侧检验）；TAIL=1 时，表示备择假设为“期望值大于 M”（右侧检验）；TAIL=-1 时，表示备择假设为“期望值小于 M”（左侧检验）。

此检验函数用来判断来自一正态分布的样本的期望值是否可用 M 来估计。在没有重新设置的情况下，ALPHA 和 TAIL 的默认值分别为 0.05 和 0。

H=0 表示在显著性水平为 ALPHA 的情况下，不能拒绝原假设；H=1 表示在显著性水平为 ALPHA 的情况下，拒绝原假设。

【例 3.3】　正常人的脉搏平均每分钟 72 次，某医生测得 10 例四乙基铅中毒患者的脉搏（单位：次/分）如下：

54　67　68　78　70　66　67　65　69　70

已知人的脉搏次数服从正态分布，试问四乙基铅中毒患者的脉搏与正常人的脉搏有无显著差异（$\alpha=0.05$）？

解：假设 H_0：$\mu=\mu_0=72$，H_1：$\mu\neq\mu_0$。

输入程序：

```
≫X= [54  67  68  78  70  66  67  65  69  70];
≫h= ttest (X, 72, 0.05, 0)
```

运行结果：

```
h=1
```

结果表明：h=1 表示在 0.05 的水平下应该拒绝原假设，即认为四乙基铅中毒患者的脉搏与正常人的脉搏有显著差异。

3.3.1.3.2 单个正态总体方差的检验

MATLAB 统计工具箱没有提供方差的假设检验命令，而这可以通过编程实现。
记单个总体的方差的 M 文件为 vartest. m，MATLAB 的函数可编程为：

```
function [h, sig] =vartest (x, sigma, alpha, tail)
n=length (x);
s2=var (x);
chi= (n-1) * s2/sigma;
switch tail
case 0
  right=chi2inv (1-alpha/2, n-1);
  left=chi2inv (alpha/2, n-1);
  sig=2 * (1-chi2cdf (chi, n-1));
  if (chi≥right) & (chi≤left)
  h=1; disp ('h=1, 拒绝原假设');
else
  h=0; disp ('h=0, 保留原假设');
end
case 1
  right=chi2inv (1-alpha, n-1);
  sig=2* (1-chi2cdf (chi, n-1) );
  if (chi≥ right)
  h=1; disp ('h=1, 拒绝原假设');
else
h=0; disp ('h=0, 保留原假设');
end
case-1
  left=chi2inv (alpha, n-1);
  sig=2* (1-chi2cdf (chi, n-1) );
if (chi≤ left)
  h=1; disp ('h=1, 拒绝原假设');
else
  h=0; disp ('h=0, 保留原假设');
end
end
```

其中 x 为样本值，alpha 为显著性水平 α（默认值为 0.05）。tail=0 时，进行的是双侧检验；tail=1 时，表示右边检验；tail=-1 时，表示左边检验。sig 为原假设为真时得到的观察值的概率，当 sig 为小概率的时候对原假设提出质疑。H=0 表示在显著性水平为 α 的情况下，不能拒绝原假设；H=1 表示在显著性水平为 alpha 的情况下，拒绝原假设。

【例 3.4】 化肥厂用自动包装机包装肥料，某日测得 9 包化肥的质量（单位：kg）如下：

49.4　50.5　50.7　51.7　49.8　47.9　49.2　51.4　48.9

设每包化肥的质量服从正态分布，是否可以认为每包肥料的方差为 1.5？显著性水平为 $\alpha = 0.05$。

解：

假设 H_0：$\sigma^2 = \sigma_0^2 = 1.5$，$H_1$：$\sigma^2 \neq \sigma_0^2$

输入程序：

```
≫x=[49.4  50.5  50.7  51.7  49.8  47.9  49.2  51.4  48.9];
≫[h, p] =vartest(x, 1.5, 0.05, 0)
```

运行结果：

```
h=0
p=0.8383
```

结果表明：h=0 表示在 0.05 的水平下没有拒绝原假设，因此保留原假设，即认为每包肥料的方差为 1.5。

3.3.2 两个正态总体参数的假设检验实验

3.3.2.1 实验目的

(1) 掌握两个正态总体均值、方差的假设检验方法。
(2) 会用 MATLAB 进行两个正态总体均值、方差的假设检验。

3.3.2.2 实验要求

熟悉 MATLAB 进行假设检验的基本命令与操作。

3.3.2.3 实验内容

3.3.2.3.1 两个正态总体均值的检验

3.3.2.3.1.1 两个方差均已知时，均值的检验

MATLAB 统计工具箱没有提供方差的假设检验命令，可以通过编程实现。

【例 3.5】 设甲乙两煤矿出煤的含灰率（单位:%）都服从正态分布，即 $X \sim N(\mu_1, 7.5)$ 和 $Y \sim N(\mu_2, 2.6)$，为检验两煤矿的煤含灰率有无显著性差异，从两矿中各取样若干份，分析结果如下：

甲矿：24.3　20.8　23.7　21.3　17.4

乙矿：18.2　16.9　20.2　16.7

试在显著性水平 $\alpha = 0.05$ 下，检验"含灰率无差异"这个假设。

解：

假设 H_0：$\mu_1 = \mu_2$，H_1：$\mu_1 \neq \mu_2$。

输入程序：

```
≫X= [24.3  20.8  23.7  21.3  17.4];
≫Y= [18.2  16.9  20.2  16.7];
n1=length (x);
n2=length (y);
sigma12=7.5;
sigma22=2.6;
alpha=0.05;
sigma=sqrt (sigma12/n1+sigma22/n2);
norm= (mean (x) -mean (y) ) /sigma;
right=norminv (1-alpha/2);
≫sig=2* (1-normcdf (abs (norm) ) )
≫if abs (norm) <right
h=0
else
h=1
end
```

运行结果：

```
sig=0.0170
h=1
```

结果表明：h=1 表示在 0.05 的水平下应该拒绝原假设，即认为甲乙两矿含灰率有显著差异。

3.3.2.3.1.2　两个方差均未知且相等时，均值的检验

函数：ttest2

调用格式：[H，SIG] = ttest2 (X，Y，ALPHA，TAIL)

X、Y 为样本值，ALPHA 为显著性水平 α（默认值为 0.05），TAIL=0 时，表示备择假设为"期望值不等于 M"（双侧检验）；TAIL=1 时，表示备择假设为"期望值大于 M"（单侧检验）；TAIL=−1 时，表示备择假设为"期望值小于 M"（单侧检验）。在没有重新设置的情况下，ALPHA 和 TAIL 的默认值分别为 0.05 和 0。

SIG 为原假设为真时得到的观察值的概率，当 SIG 为小概率的时候对原假设提出质疑。H=0 表示在显著性水平为 ALPHA 的情况下，不能拒绝原假设；H=1 表示在显著性水平为 ALPHA 的情况下，拒绝原假设。

【例 3.6】 比较两种安眠药 A 和 B 的疗效，对这两种药分别抽取 10 个失眠者为实验对象，以 X 表示使用 A 后延长的睡眠时间，Y 表示使用 B 后延长的睡眠时间，试验结果如下：

X：1.9　0.8　1.1　0.1　−0.1　4.4　5.5　1.6　4.6　3.4

Y：0.7　−1.6　−0.2　−1.2　−0.1　3.4　3.7　0.8　0　2.0

设这两个样本相互独立，且分别来自正态总体 $N(\mu_1, \sigma^2)$ 和 $N(\mu_2, \sigma^2)$，检验两种药物的疗效有无显著差异（$\alpha=0.01$）。

解：

假设 H_0：$\mu_1=\mu_2$，H_1：$\mu_1\neq\mu_2$。

输入程序：

```
≫X= [1.9  0.8  1.1  0.1  -0.1  4.4  5.5  1.6  4.6  3.4];
≫Y= [0.7  -1.6  -0.2  -1.2  -0.1  3.4  3.7  0.8  0  2.0];
≫ [H, SIG] = ttest2 (X, Y, 0.01, 0)
```

运行结果：

```
h=1
sig=0.0792
```

结果表明：h=1 表示在 0.01 的水平下拒绝原假设，即认为两种药物的疗效有显著差异。

3.3.2.3.2　两个正态总体方差的检验

MATLAB 统计工具箱没有提供方差比的假设检验命令，可以通过编程实现。

记两个正态总体的方差的检验的 M 文件为 vartest2.m，MATLAB 的函数可编程为：

```
function [h, sig] = vartest2 (x, y, alpha, tail)
n1=length (x);
n2=length (y);
s12=var (x);
s22=var (x);
f=s12/s22;
switch tail
case 0
    right=finv (1-alpha/2, n1-1, n2-1);
    left= finv (alpha/2, n1-1, n2-1);
    sig=fcdf (f, n1-1, n2-2);
```

```
        if (f≥ right) & (f≤ left)
        h=1; disp ('h=1, 拒绝原假设');
        else
        h=0; disp ('h=0, 保留原假设');
        end
    case 1
        right=finv (1-alpha, n1-1, n2-1);
        sig=fcdf (f, n1-1, n2-2);
        if (f≥ right)
        h=1; disp ('h=1, 拒绝原假设');
        else
        h=0; disp ('h=0, 保留原假设');
        end
        case-1
        left= finv (alpha, n1-1, n2-1);
        sig=fcdf (f, n1-1, n2-2);
        if (f≤ left)
        h=1; disp ('h=1, 拒绝原假设');
        else
        h=0; disp ('h=0, 保留原假设');
        end
        end
```

其中x、y为样本值，alpha为显著性水平α（默认值为0.05）。tail=0时，进行的是双侧检验；tail=1时，表示右边检验；tail=-1时，表示左边检验。sig为原假设为真时得到的观察值的概率，当sig为小概率的时候对原假设提出质疑。H=0表示在显著性水平为α的情况下，不能拒绝原假设；H=1表示在显著性水平为α的情况下，拒绝原假设。

【例3.7】 在同一平炉上进行一项试验，以确定使用新的炼钢方法是否会改变钢产率的方差，先用标准方法炼一炉，然后用建议的新方法炼一炉，随后交替进行，各炼10炉，其产率如下：

标准方法：78.1 72.4 76.2 74.3 77.4 78.4 76.0 75.5 76.7 77.3

新方法：79.1 81.0 77.3 79.1 80.0 79.1 79.1 77.3 80.2 82.1

设这两个样本相互独立，且都服从正态分布，问：使用新的炼钢方法是否会改变钢产率的方差？

解：

假设 H_0：$\sigma_1^2=\sigma_2^2$，H_1：$\sigma_1^2\neq\sigma_2^2$。

输入程序：

```
≫X= [78.1  72.4  76.2  74.3  77.4  78.4  76.0  75.5  76.7  77.3];
```

```
≫Y=[79.1  81.0  77.3  79.1  80.0  79.1  79.1  77.3  80.2  82.1];
≫[h]=vartest2(X, Y, 0.05, 0)
```

运行结果：

```
h=0
p=0.4945
```

结果表明：h=0 表示在 0.05 的水平下不能拒绝原假设，即认为标准方法与新方法炼钢的产率方差是一致的，即说明了实验中除操作方法外，其他条件都得到很好的控制。

3.3.3 总体比率的假设检验实验

3.3.3.1 实验目的

（1）掌握总体比率的假设检验方法。
（2）会用 MATLAB 进行总体比率的假设检验。

3.3.3.2 实验要求

熟悉 MATLAB 进行假设检验的基本命令与操作。

3.3.3.3 实验内容

3.3.3.3.1 单个总体比率的检验

【例 3.8】 某厂生产一批产品，规定正品率为 0.8，现随机抽取产品计算出其正品率分别为 0.7010、0.8109、0.8156、0.7119、0.9902，在显著性水平为 0.05 的情况下其产品是否合格。

解： 此问题中产品是否为正品显然服从 0-1 分布。

提出假设：H_0：$p=0.8$，H_1：$p\neq 0.8$

输入程序：

```
≫x=[0.7010  0.8109  0.8156  0.7119  0.9902];
≫h=ttest(x, 0.8, 0.05, 0)
```

运行结果：

```
h=0
```

结果表明：h=0 表示在 0.05 的水平下没有拒绝原假设，故可以看出其生产的产品是合格的。

3.3.3.3.2　两个总体比率的检验

MATLAB 统计工具箱没有提供方差的假设检验命令，可以通过编程实现。

【例 3.9】　为了比较男女性色盲的比例，从随机抽取的 467 名男性中发现有 8 名色盲，而 433 名女性中发现 1 人是色盲，问：在 0.01 的显著性水平下能否认为女性色盲的比例比男性低？

解：设男性色盲的比例为 p_1，女性色盲的比例为 p_2，因此提出假设

$$H_0: p_1 \geqslant p_2, \ H_1: p_1 < p_2$$

输入程序：

```
≫alpha=0.01   %设定显著性水平
≫ESTp1=8/467
≫ESTp2=1/433
≫ESTp= (8+1) / (467+433)
≫U=(ESTp1-ESTp2)/sqrt((1/467+1/433)*ESTp*(1-ESTp))   %计算检验统计量的观测值
≫c=norminv (alpha, 0, 1)   %求拒绝域的临界值
≫if U≤c  %决策，拒绝原假设则返回 h=1，否则返回 h=0
h=1
else
h=0
end
```

运行结果：

```
h=0
U=2.2328
c=-2.3263
```

结果表明：h=0 表示在 0.01 的水平下不能拒绝原假设，即可以认为女性色盲的比例比男性低。

3.3.4　总体分布的拟合优度检验实验

3.3.4.1　实验目的

（1）掌握总体分布的拟合优度检验方法。

（2）会用 MATLAB 进行总体分布的拟合优度检验。

3.3.4.2 实验要求

熟悉 MATLAB 进行假设检验的基本命令与操作。

3.3.4.3 实验内容

MATLAB 统计工具箱没有提供拟合优度检验的命令，可以通过编程实现。
记总体分布的拟合优度检验的 M 文件为 chi2test. m，MATLAB 的函数可编程为：

```
function  h= chi2test (a, b, n, alpha)   %a 为观测结果矩阵，b 为理论概率分布矩阵，n 为样本容量，alpha 为显著性水平α，默认值为 0.05
[m, k] =size (b);   %求矩阵 b 的大小，返回值 m 为矩阵 b 的行数，k 为 b 的列数
f=0;
for i=1: k
  f1= (a (i) -n * b (i) ) ^2/n * b (i);
  f=f+f1;
end  %循环体用于求检验统计量的观测值
p=1-chi2cdf (f, k-1);   %求出检验统计量大于其一个观测值的概率，即求 p 值
if p>alpha
  h=0
else
  h=1
end  %用于决策，h=0 表示不能拒绝原假设；h=1 表示拒绝原假设
```

h=0 表示在显著性水平为 alpha 的情况下，不能拒绝原假设；h=1 表示在显著性水平为 alpha 的情况下，拒绝原假设。

【例 3.10】 某公司雇用 200 名员工，其中男性员工人数为 150 名，女性员工人数为 50 名，该公司被指控在雇用员工时有性别歧视，以前的调查资料显示全体雇员中男女性别的比例为 60%和 40%，在显著性水平 $\alpha=0.05$ 下检验在雇用员工时是否有性别歧视？

解：假设 H_0：该公司在雇用员工时无性别歧视。

输入程序：

```
≫a= [150  50];
≫b= [0.60  0.40]
≫ h=chi2test (a, b, 200, 0.05)
```

运行结果：

```
h=1
```

结果表明：h=1 表示在 0.05 的水平下应拒绝原假设，即可以认为该公司在雇用员工时有性别歧视。

3.3.5　列联表的独立性检验实验

3.3.5.1　实验目的

（1）掌握列联表的独立性检验方法。
（2）会用 MATLAB 进行列联表的独立性检验。

3.3.5.2　实验要求

熟悉 MATLAB 进行假设检验的基本命令与操作。

3.3.5.3　实验内容

函数：chi2test

调用格式：h=chi2test（a，alpha）

a 为观测结果矩阵，alpha 为显著性水平 α（默认值为 0.05），在没有重新设置的情况下，alpha 的默认值为 0.05。

h=0 表示在显著性水平为 alpha 的情况下，不能拒绝原假设；h=1 表示在显著性水平为 alpha 的情况下，拒绝原假设。

具体程序如下：

```
function  h=chi2test（a，alpha）  %a 为观测结果矩阵，alpha 为显著性水平 α
[k1，k2] =size（a）；  %求矩阵 a 的大小，返回值 k1 为矩阵 a 的行数，k2 为 a 的
                       列数
rowsun=zeros（1，k1）；  %定义一个 k1 维的零向量
columnsun=zeros（1，k1）；  %定义一个 k2 维的零向量
n=0；
for i=1：k1
  for j=1：k2
    rowsun（i） = rowsun（i） +a（i，j）；
  end  %内循环体用于求矩阵 a 按行求和向量 rowsun 的第 i 个元素
  n=n+rowsun（i）  %求出行向量 rowsun 所有元素的和，即求出样本容量
end
for j=1：k2
```

```
    for i=1: k1
      columnsun (j) = columnsun (j) +a (i, j);
    end  %内循环体用于求矩阵 a 按列求和向量 columnsun 的第 j 个元素
end
    f=0
    e=zeros (k1, k2);   %定义一个 k1 × k2 维的零矩阵
for i=1: k1
    for j=1: k2
      e (i, j) =rowsun (i) * columnsun (j) /n
      f1= (a (i, j) -e (i, j) ) ^2/e (i, j);
      f=f+f1
    end
end  %求出检验统计量χ² 的观测值
p=1-chi2cdf (f, (k1-1) * (k2-1) );   %求出 p 值
if p>alpha
    h=0
else
    h=1
end  %用于决策, h=0 表示不能拒绝原假设; h=1 表示拒绝原假设
```

【例 3.11】 调查 339 名 50 岁以上吸烟习惯者与慢性气管炎病的关系，数据整理结果统计如下（见表 3-3）：

表 3-3 吸烟与慢性气管炎病的关系

	慢性气管炎患者	未患慢性气管炎患者	合计	患病率%
吸烟	43	162	205	21.0
不吸烟	13	121	134	9.7
合计	56	283	339	16.5

在显著性水平 $\alpha=0.05$ 下检验吸烟习惯与慢性气管炎病是否独立？

解：

假设 H_0：吸烟习惯与慢性气管炎病没有关系，相互独立。

输入程序：

```
≫a= [43  162
     13  12]
≫h=chi2test (a, 0.05)
```

运行结果：

h=1

结果表明：h=1 表示在 0.05 的水平下应拒绝原假设，即可以认为吸烟习惯与慢性气管炎病有关系，不是相互独立的。

第 4 章

方差分析

4.1 实验目的

方差分析是对多个总体均值是否相等这一假设进行检验的一种常用方法，它通过对全部样本观测值的差异进行分解，将某一种或多种因素下各组样本观测值之间可能存在的系统性误差与随机误差进行比较，来推断各总体之间是否存在显著性差异。

方差分析按因素的个数多少可分为单因素方差、多因素方差分析。在应用方差分析检验多个总体均值是否相等时，若拒绝原假设，可得出多个总体均值不全相等的结论，而在某些情况下，还需进一步确定在这些均值中到底哪几个均值之间存在差异，此时可引入在两个总体均值之间进行统计比较的多重比较方法。本实验旨在使学生学会利用 MATLAB 统计工具箱的线性模型分析函数中的方差分析函数进行单因素方差分析、双因素方差分析、多因素方差分析和均值的多重比较。

4.2 实验原理

4.2.1 单因素方差分析

单因素方差分析的目标是检验水平均值 μ_i 是否相等。如果相等，可以说该因素对相应变量 X 不产生影响；否则，就认为该因素对 X 存在影响。

4.2.1.1 单因素方差分析的数据结构

在单因素试验中，设因素 A 有 r 个水平 A_1，A_2，…，A_r，在每一水平下考察的指标值的全体可以看成一个总体（称为水平总体），故有 r 个水平总体，设在水平 A_i 的水平总体 X_i 中抽取样本容量为 m_i 的简单随机样本 X_{i1}，X_{i2}，…，X_{im_i}（$i=1$，2，…，r），各样本间相互独立同分布。为使表述更易理解，列表如下（见表 4-1）：

表 4-1 单因素方差分析的样本

水平	样本				样本总和	样本平均值	总体平均值
A_1	X_{11}	X_{12}	…	X_{1m_1}	T_1	$\overline{X}_1$	μ_1

续表

水平	样本				样本总和	样本平均值	总体平均值
A_2	X_{21}	X_{22}	…	X_{2m_2}	T_2	$\bar{X}_2$	μ_2
⋮			…		…	…	…
A_r	X_{r1}	X_{r2}	…	X_{rm_r}	T_r	$\bar{X}_r$	μ_r

其中 $X_{i\cdot}=\sum_{j=1}^{m_i}X_{ij}(i=1,2,\cdots,r)$，$\bar{X}_{i\cdot}=\frac{1}{m_i}\sum_{j=1}^{m_i}X_{ij}(i=1,2,\cdots,r)$，$\bar{X}=\frac{1}{\sum_{i=1}^{r}m_i}\left(\sum_{i=1}^{r}\sum_{j=1}^{m_i}x_{ij}\right)$，$\sum_{i=1}^{r}m_i=n$。

由于 $X_{ij}\sim N(\mu_i,\sigma^2)$，则 $X_{ij}-\mu_i\sim N(0,\sigma^2)$，故 $X_{ij}-\mu_i$ 可以看作随机误差，记 $\varepsilon_{ij}=X_{ij}-\mu_i$，可知 ε_{ij} 相互独立且 $\varepsilon_{ij}\sim N(0,\sigma^2)$。由 $\varepsilon_{ij}=X_{ij}-\mu_i$，可得

$$X_{ij}=\mu_i+\varepsilon_{ij} \tag{4-1}$$

称（4-1）为 X_{ij} 的数据结构式，即 X_{ij} 可以看作是正态总体的均值 μ_i 与随机误差 ε_{ij} 叠加而产生的。

4.2.1.2 单因素方差分析的统计模型

单因素方差分析的统计模型

$$\begin{cases}X_{ij}=\mu_i+\varepsilon_{ij},\ i=1,2,\cdots,r;\ j=1,2,\cdots,m_i)\\ \varepsilon_{ij}\sim N(0,\sigma^2)，且相互独立\end{cases} \tag{4-2}$$

可在此模型下检验

$$H_0:\mu_1=\mu_2=\cdots=\mu_r,\ H_1:\mu_1,\mu_2,\cdots,\mu_r 不全相等 \tag{4-3}$$

这里应该注意的是，只有满足上述假设条件所进行的方差分析才是有效的，但在实际应用中能够完全符合以上假设的客观现象并不多，社会经济现象更是如此。在生产中这种不符合以上假设的现象也不少。不过，一般来讲近似地符合上述这些假设要求即可。

4.2.1.3 总离差平方和的分解

在单因素方差分析中，离差平方和有三个，分别是总离差平方和、误差项平方和及水平项平方和。

（1）总离差平方和 S_T：表示各 X_{ij} 间的观测值的差异大小。

$$S_T=\sum_{i=1}^{r}\sum_{j=1}^{m_i}(X_{ij}-\bar{X})^2$$

它反映了离差平方和的总体情况，即反映了试验结果的全部差异。

（2）误差项平方和 S_e：由随机误差引起的 X_{ij} 间的差异。

$$S_e = \sum_{i=1}^{r}\sum_{j=1}^{m_i}(X_{ij} - \bar{X}_{i\cdot})^2$$

通过分析公式发现，S_e 反映的是水平内部或组内观察值的离散情况，所以也叫组内偏差平方和。

（3）水平项平方和 S_A：由于组间偏差除了反映随机误差外，还反映了水平间效应的差异，故由不同水平间效应引起的 X_{ij} 间的差异，可以用组间偏差平方和表示，也称为因子 A 的偏差平方和。

$$S_A = \sum_{i=1}^{r}\sum_{j=1}^{m_i}(\bar{X}_{i\cdot} - \bar{X})^2 = \sum_{i=1}^{r} m_i(\bar{X}_{i\cdot} - \bar{X})^2$$

上述三个离差平方和具有如下关系式：

$$S_T = S_A + S_e \tag{4-4}$$

这是因为

$$S_T = \sum_{i=1}^{r}\sum_{j=1}^{m_i}(X_{ij} - \bar{X})^2 = \sum_{i=1}^{r}\sum_{j=1}^{m_i}(X_{ij} - \bar{X}_{i\cdot} + \bar{X}_{i\cdot} - \bar{X})^2$$

$$= \sum_{i=1}^{r}\sum_{j=1}^{m_i}(X_{ij} - \bar{X}_{i\cdot})^2 + \sum_{i=1}^{r}\sum_{j=1}^{m_i}(\bar{X}_{i\cdot} - \bar{X})^2 + 2\sum_{i=1}^{r}\sum_{j=1}^{m_i}(X_{ij} - \bar{X}_{i\cdot})(\bar{X}_{i\cdot} - \bar{X}) = S_e + S_A$$

由于 $\sum_{j=1}^{m_i}(X_{ij} - \bar{X}_{i\cdot}) = 0$，故上述第三项为 0。式（4-4）常称为平方和分解式。

4.2.1.4　检验统计量及拒绝域

当原假设 H_0：$\mu_1 = \mu_2 = \cdots = \mu_r$ 成立时，全部样本都来自同一正态总体 $N(\mu, \sigma^2)$，故

$$E\left(\frac{S_A}{r-1}\right) = \sigma^2,\ E\left(\frac{S_e}{n-r}\right) = \sigma^2$$

依据 S_e、S_A 的统计特性，我们可证明 $\frac{S_e}{\sigma^2} \sim \chi^2$（$n-r$），再由科赫伦分解定理知：在 H_0 为真时，$\frac{S_A}{\sigma^2} \sim \chi^2$（$r-1$），且 S_A 与 S_e 相互独立，因此，检验原假设可以采用检验统计量

$$F = \frac{S_A/r-1}{S_e/n-r} \tag{4-5}$$

当 H_0 为真时，$F \sim F(r-1,\ n-r)$。因为检验统计量 F 的分子和分母相互独立，且分母 $\frac{S_e}{n-r}$ 不论 H_0 是否为真，其数学期望总是等于 σ^2；而当 H_0 为真时，分子 $\frac{S_A}{r-1}$ 的数学期望为 σ^2，当 H_0 不真时，分子 $\frac{S_A}{r-1}$ 的数学期望大于 σ^2。因此检验问题（4-3）的拒绝域具有如下形式：

$$W = \{F \geqslant c\}$$

对给定的显著性水平 α，在 H_0 为真时，c 应该满足 P（$F \geqslant c$）$= \alpha$。

因此，由分布 F 的构造可知，在 H_0 为真时，检验统计量 $F \sim F(r-1,\ n-r)$，当 $c=$

$F_\alpha(r-1, n-r)$ 便有 $P(F \geqslant c) = \alpha$，故拒绝域为

$$W = \{F \geqslant F_\alpha(r-1, n-r)\} \tag{4-6}$$

通常把以上求统计量（4-5）的计算列成一张表格，称为方差分析表（见表4-2），这里简称离差平方和为平方和，离差平方和与自由度的比称为均方和。

表4-2　单因素方差分析表

来源	平方和	自由度	均方和	F 比
A	S_A	$f_A = r-1$	$MS_A = S_A/f_A$	$F = MS_A/MS_e$
e	S_e	$f_e = n-r$	$MS_e = S_e/f_e$	
T	S_T	$f_T = n-1$		

由样本计算得到统计量 F 值后，做检验推断：若 $F \geqslant F_\alpha(r-1, n-r)$，则拒绝原假设，认为因素 A 对试验结果有显著影响；若 $F < F_\alpha(r-1, n-r)$，保留原假设，认为因素 A 对试验结果影响不显著。

综上所述，方差分析的基本步骤如下：

（1）计算各个水平下的样本和 $X_{i\cdot}$（$i=1, 2, \cdots, r$），以及所有的样本之和 $n\bar{X}$；

（2）计算各类平方和 $\sum_{i=1}^{r}\sum_{j=1}^{m_i} X_{ij}^2$、$\sum_{i=1}^{r}\frac{X_{i\cdot}^2}{m_i}$、$n\bar{X}^2$；

（3）计算 S_T、S_A 和 S_e；

（4）填写方差分析表（见表4-2）；

（5）对给定的显著性水平 α，查 F 分布表得 $F_\alpha(f_A, f_e)$，然后与 F 值比较大小，最后给出结论：当 $F \geqslant F_\alpha(f_A, f_e)$ 时拒绝 H_0，否则保留 H_0。

4.2.2　双因素方差分析

双因素方差分析的目标也是确定几组数据是否具有相同的均值，即确定这几组数据是否具有不同的测量特性。双因素方差分析和单因素方差分析的不同在于双因素方差分析中每组数据有两类定义的特征，而不是一类。

设有两个因素 A、B 影响着试验的指标，因素 A 有 r 个水平 $A_1, A_2, \cdots, A_r$，因素 B 有 s 个水平 $B_1, B_2, \cdots, B_s$，假设在水平 (A_i, B_j) 组合下的试验结果独立地服从 $N(\mu_{ij}, \sigma^2)$。为了研究方便，给出如下记号：

$$\mu = \frac{1}{rs}\sum_{i=1}^{r}\sum_{j=1}^{s}\mu_{ij};\ \mu_{i\cdot} = \frac{1}{s}\sum_{j=1}^{s}\mu_{ij}(i=1, 2, \cdots, r);\ \mu_{\cdot j} = \frac{1}{r}\sum_{i=1}^{r}\mu_{ij}(j=1, 2, \cdots, s)$$

$$\alpha_i = \mu_{i\cdot} - \mu(i=1, 2, \cdots, r);\ \beta_j = \mu_{\cdot j} - \mu(j=1, 2, \cdots, s)$$

称 μ 为一般平均，α_i 为因素 A 的第 i 个水平的效应，β_j 为因素 B 的第 j 个水平的效应，它们显然满足关系式：$\sum_{i=1}^{r}\alpha_i = 0$，$\sum_{j=1}^{s}\beta_j = 0$。这样 μ_{ij} 就可以表示为

$$\mu_{ij} = \mu + \alpha_i + \beta_j + (\mu_{ij} - \mu_{i\cdot} - \mu_{\cdot j} + \mu)$$
$$(i = 1, 2, \cdots, r; j = 1, 2, \cdots, s) \tag{4-7}$$

记

$$\gamma_{ij} = \mu_{ij} - \mu_{i\cdot} - \mu_{\cdot j} + \mu \quad (i = 1, 2, \cdots, r; j = 1, 2, \cdots, s) \tag{4-8}$$

此时

$$\mu_{ij} = \mu + \alpha_i + \beta_j + \gamma_{ij} \quad (i = 1, 2, \cdots, r; j = 1, 2, \cdots, s) \tag{4-9}$$

γ_{ij} 称为水平 A_i 和水平 B_j 的交互效应，这是由 A_i 和 B_j 联合作用而引起的。易见

$$\sum_{i=1}^{r} \gamma_{ij} = 0 \quad (j = 1, 2, \cdots, s)$$

$$\sum_{j=1}^{s} \gamma_{ij} = 0 \quad (i = 1, 2, \cdots, r)$$

下面我们分两种情况进行讨论。

4.2.2.1　无交互作用的方差分析

若 $\gamma_{ij} = 0$，即 $\mu_{ij} = \mu + \alpha_i + \beta_j$，我们称这种方差分析模型为无交互作用的方差分析模型，此时我们只需要对（A_i，B_j）的每个组合各做一次试验，试验结果如表 4-3 所示：

表 4-3　无交互作用的方差分析

因子 B / 因子 A	B_1	B_2	…	B_s
A_1	X_{11}	X_{12}	…	X_{1s}
A_2	X_{21}	X_{22}	…	X_{2s}
⋮	⋮	⋮	…	⋮
A_r	X_{r1}	X_{r2}	…	X_{rs}

设 $X_{ij} \sim N(\mu_{ij}, \sigma^2)$，且各 X_{ij} 相互独立，其中 $i=1, 2, \cdots, r$；$j=1, 2, \cdots, s$，μ_{ij} 和 σ^2 均为未知参数，则无交互作用的双因素方差分析的统计模型为

$$\begin{cases} X_{ij} = \mu_{ij} + \varepsilon_{ij} = \mu + \alpha_i + \beta_j + \varepsilon_{ij} \quad (i = 1, 2, \cdots, r; j = 1, 2, \cdots, s) \\ \sum_{i=1}^{r} \alpha_i = 0, \ \sum_{j=1}^{s} \beta_j = 0 \\ \text{各 } \varepsilon_{ij} \text{ 间相互独立，且都服从 } N(0, \sigma^2) \end{cases} \tag{4-10}$$

对这个模型我们要检验的假设有以下两个：

$$\begin{cases} H_{01}: \alpha_1 = \alpha_2 = \cdots = \alpha_r = 0 \\ H_{11}: \alpha_1, \alpha_2, \cdots, \alpha_r \text{ 不全为 } 0 \end{cases} \tag{4-11}$$

$$\begin{cases} H_{02}: \beta_1 = \beta_2 = \cdots = \beta_s = 0 \\ H_{12}: \beta_1, \beta_2, \cdots, \beta_s \text{ 不全为 } 0 \end{cases} \tag{4-12}$$

若检验结果拒绝 H_{01}（H_{02}），则认为因素 A（B）的不同水平对结果有显著影响；若均

不拒绝，那就说明因素 A 与 B 的不同水平组合对结果无显著影响。

我们用类似于单因素方差分析中平方和分解的思想来给出检验用的统计量。为此先引进下列符号：

$$\bar{X}=\frac{1}{rs}\sum_{i=1}^{r}\sum_{j=1}^{s}X_{ij}$$

$$X_{i\cdot}=\sum_{j=1}^{s}X_{ij},\ \bar{X}_{i\cdot}=\frac{1}{s}X_{i\cdot}\quad(i=1,2,\cdots,r)$$

$$X_{\cdot j}=\sum_{i=1}^{r}X_{ij},\ \bar{X}_{\cdot j}=\frac{1}{r}X_{\cdot j}\quad(j=1,2,\cdots,s)$$

由式（4-10）可得

$$\bar{X}_{i\cdot}=\mu+\alpha_i+\bar{\varepsilon}_{i\cdot},\ \bar{X}_{\cdot j}=\mu+\beta_j+\bar{\varepsilon}_{\cdot j}\tag{4-13}$$

$$\bar{X}=\mu+\bar{\varepsilon}$$

总离差平方和：

$$S_T=\sum_{i=1}^{r}\sum_{j=1}^{s}(X_{ij}-\bar{X})^2=\sum_{i=1}^{r}\sum_{j=1}^{s}(X_{ij}-\bar{X}_{i\cdot}-\bar{X}_{\cdot j}+\bar{X})^2+\sum_{i=1}^{r}s(\bar{X}_{i\cdot}-\bar{X})^2+\sum_{j=1}^{s}r(\bar{X}_{\cdot j}-\bar{X})^2$$
$$=S_e+S_A+S_B$$

其中 S_e、S_A、S_B 分别由下述公式给出，并利用式（4-10）和式（4-13）可知

$$S_e=\sum_{i=1}^{r}\sum_{j=1}^{s}(X_{ij}-\bar{X}_{i\cdot}-\bar{X}_{\cdot j}+\bar{X})^2=\sum_{i=1}^{r}\sum_{j=1}^{s}(\varepsilon_{ij}-\bar{\varepsilon}_{i\cdot}-\bar{\varepsilon}_{\cdot j}+\bar{\varepsilon})^2$$

$$S_A=\sum_{i=1}^{r}s(\bar{X}_{i\cdot}-\bar{X})^2=\sum_{i=1}^{r}s(\alpha_i+\bar{\varepsilon}_{i\cdot}-\bar{\varepsilon})^2$$

$$S_B=\sum_{j=1}^{s}r(\bar{X}_{\cdot j}-\bar{X})^2=\sum_{j=1}^{s}r(\beta_j+\bar{\varepsilon}_{\cdot j}-\bar{\varepsilon})^2$$

故 S_e 反映了误差的波动，S_A 和 S_B 除了反映误差波动外，还分别反映了式（4-11）、式（4-12）中假设 H_{01} 不真与假设 H_{02} 不真所引起的波动，即分别反映了因素 A 的水平间效应的差异及因素 B 的水平间效应的差异。因此，我们称 S_e 为误差的偏差平方和，称 S_A 为因素 A 的偏差平方和，称 S_B 为因素 B 的偏差平方和。

类似于单因素方差分析，我们可以用 S_A 与 S_e 的适当比值去检验 H_{01}，用 S_B 与 S_e 的适当比值去检验 H_{02}。为了给出检验统计量，我们先求一下各偏差平方和的分布，首先注意这些偏差平方和都是正态变量的平方和，另外，在 H_{01}、H_{02} 为真时，一切 $X_{ij}\sim N(\mu,\sigma^2)$，且相互独立，故

$$\frac{S_T}{\sigma^2}\sim\chi^2(rs-1)$$

而 S_A 中有一个独立的线性关系式 $\sum_{i=1}^{r}(\bar{X}_{i\cdot}-\bar{X})=0$，所以它的自由度为 $r-1$；S_B 中有一个独立的线性关系式 $\sum_{j=1}^{s}(\bar{X}_{\cdot j}-\bar{X})=0$，所以它的自由度为 $s-1$；S_e 中有 $r+s$ 个线性关系式

$$\sum_{i=1}^{r}(X_{ij}-\bar{X}_{i\cdot}-\bar{X}_{\cdot j}+\bar{X})=0\quad(j=1,2,\cdots,s)$$

$$\sum_{j=1}^{s}(X_{ij}-\bar{X}_{i\cdot}-\bar{X}_{\cdot j}+\bar{X})=0 \quad (i=1,\ 2,\ \cdots,\ r)$$

但在这 $r+s$ 个关系式中只有 $r+s-1$ 个是独立的，故其自由度是

$$rs-(r+s-1)=(r-1)(s-1)$$

可以证明：

当 H_{01} 为真时，$F_A=\dfrac{S_A/r-1}{S_e/(r-1)(s-1)}\sim F(r-1,\ (r-1)(s-1))$

当 H_{02} 为真时，$F_B=\dfrac{S_B/s-1}{S_e/(r-1)(s-1)}\sim F(s-1,\ (r-1)(s-1))$

所以用来检验 H_{01} 和 H_{02} 的统计量就是 F_A 和 F_B，对给定的显著性水平 α，当 $F_A>F_\alpha(r-1,\ (r-1)(s-1))$ 时，拒绝 H_{01}；当 $F_B>F_\alpha(s-1,\ (r-1)(s-1))$ 时，拒绝 H_{02}。具体计算时，可以把上述结果列成一张方差分析表 4 - 4：

表 4–4　双因子方差分析表

来源	平方和	自由度	均方和	F 比
A	S_A	$f_A=r-1$	$MS_A=\dfrac{S_A}{f_A}$	$F_A=\dfrac{MS_A}{MS_e}$
B	S_B	$f_B=s-1$	$MS_B=\dfrac{S_B}{f_B}$	$F_B=\dfrac{MS_B}{MS_e}$
e	S_e	$f_e=(r-1)(s-1)$	$MS_e=\dfrac{S_e}{f_e}$	
总和	S_T	$f_T=rs-1$		

表中的平方和可以按下列公式来计算：

$$S_T=\sum_{i=1}^{r}\sum_{j=1}^{S}(X_{ij}-\bar{X})^2=\sum_{i=1}^{r}\sum_{j=1}^{S}X_{ij}^2-n\bar{X}^2$$

$$S_A=\sum_{i=1}^{r}s(\bar{X}_{i\cdot}-\bar{X})^2=\sum_{i=1}^{r}\frac{X_{i\cdot}^2}{s}-n\bar{X}^2$$

$$S_B=\sum_{j=1}^{s}r(\bar{X}_{\cdot j}-\bar{X})^2=\sum_{j=1}^{r}\frac{X_{\cdot j}^2}{r}-n\bar{X}^2$$

$$S_e=S_T-S_A-S_B$$

其中，$n=sr$。

4.2.2.2　有交互作用的双因素方差分析

若 $\gamma_{ij}\neq 0$，即 $\mu_{ij}\neq\mu+\alpha_i+\beta_j$，我们称这种方差分析模型为有交互作用的方差分析模型。称 $\gamma_{ij}=\mu_{ij}-\mu-\alpha_i-\beta_j$ 为因素 A 的第 i 个水平与因素 B 的第 j 个水平的交互作用，它们满足关系式

$$\sum_{i=1}^{r}\gamma_{ij}=0 \quad (j=1,\ 2,\ \cdots,\ s)$$

$$\sum_{j=1}^{s}\gamma_{ij}=0 \quad (i=1,\ 2,\ \cdots,\ r)$$

为了研究交互作用是否对结果有显著影响，那么在水平组合下至少要做 t（≥2）次试验，否则就不能将交互作用与误差分离开来，试验结果列于下表 4-5：

表 4-5　交互作用试验

因子 B / 因子 A	B_1	B_2	…	B_s
A_1	X_{111}，X_{112}，…，X_{11t}	X_{121}，X_{122}，…，X_{12t}	…	X_{1s1}，X_{1s2}，…，X_{1st}
⋮	⋮	⋮	…	⋮
A_r	X_{r11}，X_{r12}，…，X_{r1t}	X_{r21}，X_{r22}，…，X_{r2t}	…	X_{rs1}，X_{rs2}，…，X_{rst}

假设 $X_{ijk}\sim N(\mu_{ij},\ \sigma^2)$，其中 $i=1,\ 2,\ \cdots,\ r$；$j=1,\ 2,\ \cdots,\ s$；$k=1,\ 2,\ \cdots,\ t$，各 X_{ijk} 相互独立，其中 μ_{ij} 和 σ^2 均为未知参数。则有交互作用的双因子方差分析的统计模型可写为

$$\begin{cases} X_{ijk}=\mu_{ij}+\varepsilon_{ijk}=\mu+\alpha_i+\beta_j+\gamma_{ij}+\varepsilon_{ijk} \\ \sum_{i=1}^{r}\alpha_i=0,\ \sum_{j=1}^{s}\beta_j=0,\ \sum_{i=1}^{r}\gamma_{ij}=0,\ \sum_{j=1}^{s}\gamma_{ij}=0 \\ \text{各 } \varepsilon_{ijk} \text{ 间相互独立且都服从 } N(0,\ \sigma^2) \\ i=1,\ 2,\ \cdots,\ r;\ j=1,\ 2,\ \cdots,\ s;\ k=1,\ 2,\ \cdots,\ t \end{cases} \tag{4-14}$$

对此模型，除了需要检验式（4-11）、式（4-12）两个假设之外，还需要再检验假设

$$H_{03}:\ \text{对一切 i、j 有 } \gamma_{ij}=0 \tag{4-15}$$

仍然用平方和分解的思想来给出检验用的统计量，先引入下列记号

$$\bar{X}=\frac{1}{n}\sum_{i=1}^{r}\sum_{j=1}^{s}\sum_{k=1}^{t}X_{ijk}\text{，其中 } n=rst$$

$$X_{ij\cdot}=\sum_{k=1}^{t}X_{ijk},\ \bar{X}_{ij\cdot}=\frac{1}{t}X_{ij\cdot} \qquad (i=1,\ 2,\ \cdots,\ r,\ j=1,\ 2,\ \cdots,\ s)$$

$$X_{i\cdot\cdot}=\sum_{j=1}^{s}\sum_{k=1}^{t}X_{ijk},\ \bar{X}_{i\cdot\cdot}=\frac{1}{st}X_{i\cdot\cdot} \qquad (i=1,\ 2,\ \cdots,\ r)$$

$$X_{\cdot j\cdot}=\sum_{i=1}^{r}\sum_{k=1}^{t}X_{ijk},\ \bar{X}_{\cdot j\cdot}=\frac{1}{rt}X_{\cdot j\cdot} \qquad (j=1,\ 2,\ \cdots,\ s)$$

由式（4-14）可知

$$\bar{X}=\mu+\bar{\varepsilon}$$

$$\bar{X}_{ij\cdot}=\mu+\alpha_i+\beta_j+\gamma_{ij}+\bar{\varepsilon}_{ij\cdot} \tag{4-16}$$

$$\bar{X}_{i\cdot\cdot}=\mu+\alpha_i+\bar{\varepsilon}_{i\cdot\cdot}$$

$$\bar{X}_{\cdot j \cdot}=\mu+\beta_j+\bar{\varepsilon}_{\cdot j \cdot}$$

总离差平方和可作如下分解

$$\begin{aligned} S_T &= \sum_{i=1}^{r}\sum_{j=1}^{s}\sum_{k=1}^{t}(X_{ijk}-\bar{X})^2 \\ &= \sum_{i=1}^{r}\sum_{j=1}^{s}\sum_{k=1}^{t}(X_{ijk}-\bar{X}_{ij\cdot})^2+\sum_{i=1}^{r}st(\bar{X}_{i\cdot\cdot}-\bar{X})^2+\sum_{j=1}^{s}rt(\bar{X}_{\cdot j\cdot}-\bar{X})^2+ \\ &\sum_{i=1}^{r}\sum_{j=1}^{s}t(\bar{X}_{ij\cdot}-\bar{X}_{i\cdot\cdot}-\bar{X}_{\cdot j\cdot}+\bar{X})^2 \\ &= S_e+S_A+S_B+S_{A\times B} \end{aligned}$$

其中各离差平方和表达式如下，且由式（4–14）可知

$$S_e=\sum_{i=1}^{r}\sum_{j=1}^{s}\sum_{k=1}^{t}(X_{ijk}-\bar{X}_{ij\cdot})^2=\sum_{i=1}^{r}\sum_{j=1}^{s}\sum_{k=1}^{t}(\varepsilon_{ijk}-\bar{\varepsilon}_{ij\cdot})^2$$

$$S_A=\sum_{i=1}^{r}st(\bar{X}_{i\cdot\cdot}-\bar{X})^2=\sum_{i=1}^{r}st(\alpha_i+\bar{\varepsilon}_{i\cdot\cdot}-\bar{\varepsilon})^2$$

$$S_B=\sum_{j=1}^{s}rt(\bar{X}_{\cdot j\cdot}-\bar{X})^2=\sum_{j=1}^{s}rt(\beta_j+\bar{\varepsilon}_{\cdot j\cdot}-\bar{\varepsilon})^2$$

$$S_{A\times B}=\sum_{i=1}^{r}\sum_{j=1}^{s}t(\bar{X}_{ij\cdot}-\bar{X}_{i\cdot\cdot}-\bar{X}_{\cdot j\cdot}+\bar{X})^2=\sum_{i=1}^{r}\sum_{j=1}^{s}t(\gamma_{ij}+\bar{\varepsilon}_{ij\cdot}-\bar{\varepsilon}_{i\cdot\cdot}-\bar{\varepsilon}_{\cdot j\cdot}+\bar{\varepsilon})^2$$

从中可知，S_e 反映了误差的波动，S_A、S_B、$S_{A\times B}$ 除反映误差波动外还分别反映了因素 A 的水平间效应的差异、因素 B 的水平间效应的差异、交互效应的差异所引起的波动。我们称 S_e 为误差的偏差平方和，称 S_A 为因素 A 的偏差平方和，称 S_B 为因素 B 的偏差平方和，称 $S_{A\times B}$ 为交互作用 $A\times B$ 的偏差平方和。

类似于单因素方差分析自由度的算法，各偏差平方和的自由度分别为 $rs(t-1)$、$r-1$、$s-1$、$(r-1)(s-1)$，由此可得

当 H_{01} 为真时，$F_A=\dfrac{S_A/r-1}{S_e/rs(t-1)}\sim F(r-1,\ rs(t-1))$；

当 H_{02} 为真时，$F_B=\dfrac{S_B/s-1}{S_e/rs(t-1)}\sim F(s-1,\ rs(t-1))$；

当 H_{03} 为真时，$F_{A\times B}=\dfrac{S_{A\times B}/(r-1)(s-1)}{S_e/rs(t-1)}\sim F((r-1)(s-1),\ rs(t-1))$。

这就是用来检验 H_{01}、H_{02}、H_{03} 的统计量，对给定的显著性水平 α，当 $F_A>F_\alpha(r-1,\ rs(t-1))$ 时，拒绝 H_{01}；当 $F_B>F_\alpha(s-1,\ rs(t-1))$ 时拒绝 H_{02}；当 $F_{A\times B}>F_\alpha((r-1)(s-1),\ rs(t-1))$ 时，拒绝 H_{03}。

上述分析过程可列成一张方差分析表 4–6：

表 4–6　有交互作用的双因素

来源	平方和	自由度	均方和	F 比
A	S_A	$r-1$	$\dfrac{S_A}{r-1}$	$F_A=\dfrac{S_A/r-1}{S_e/rs\ (t-1)}$

续表

来源	平方和	自由度	均方和	F 比
B	S_B	$s-1$	$\frac{S_B}{s-1}$	$F_B=\frac{S_B/s-1}{S_e/rs(t-1)}$
$A\times B$	$S_{A\times B}$	$(r-1)(s-1)$	$\frac{S_{A\times B}}{(r-1)(s-1)}$	$F_{A\times B}=\frac{S_{A\times B}/(r-1)(s-1)}{S_e/rs(t-1)}$
e	S_e	$rs(t-1)$	$\frac{S_e}{rs(r-1)}$	
总和	S_T	$rst-1$		

在具体计算时，我们可以按照以下公式来计算 S_A、S_B、$S_{A\times B}$、S_e 和 S_T。

$$S_A=\sum_{i=1}^{r}st(\bar{X}_{i\cdot\cdot}-\bar{X})^2=\sum_{i=1}^{r}\frac{X_{i\cdot\cdot}^2}{st}-n\bar{X}^2$$

$$S_B=\sum_{j=1}^{s}rt(\bar{X}_{\cdot j\cdot}-\bar{X})^2=\sum_{j=1}^{s}\frac{X_{\cdot j\cdot}^2}{rt}-n\bar{X}^2$$

$$S_{A\times B}=\sum_{i=1}^{r}\sum_{j=1}^{s}t(\bar{X}_{ij\cdot}-\bar{X}_{i\cdot\cdot}-\bar{X}_{\cdot j\cdot}+\bar{X})^2=\sum_{i=1}^{r}\sum_{j=1}^{s}\frac{X_{ij\cdot}^2}{t}-n\bar{X}^2-S_A-S_B$$

$$S_e=S_T-S_A-S_B-S_{A\times B}$$

$$S_T=\sum_{i=1}^{r}\sum_{j=1}^{s}\sum_{k=1}^{t}(X_{ijk}-\bar{X})^2=\sum_{i=1}^{r}\sum_{j=1}^{s}\sum_{k=1}^{t}X_{ijk}^2-n\bar{X}^2$$

4.2.2.3 正交试验设计与多因素方差分析

前面介绍了一个或两个因素的方差分析，由于因素较少，我们可以对不同因素的所有可能的水平组合做试验，这叫作全面试验。当因素较多时，虽然理论上仍可采用前面的方法进行全面试验后再做相应的方差分析，但在实际中有时会遇到试验次数太多的问题。如三因素四水平的问题，所有不同水平的组合有 $4^3=64$ 种，在每一种组合下只进行一次试验，也需做 64 次。如果考虑更多的因素及水平，则全面试验的次数可能会大得惊人。因此在实际应用中，对于多因素做全面试验是不现实的。于是我们考虑是否可以选择其中一部分组合进行试验，这就要用试验设计方法来选择合理的试验方案，使得即使试验次数不多，也能得到比较满意的结果。

用正交表安排试验。正交表是一系列规格化的表格，每个表都有一个记号，如 $L_9(3^4)$，见表 4-7：

表 4-7　L_9（3^4）正交表

试验号 \ 列号	1	2	3	4
1	1	1	3	2

续表

试验号＼列号	1	2	3	4
2	2	1	1	1
3	3	1	2	3
4	1	2	2	1
5	2	2	3	3
6	3	2	1	2
7	1	3	1	3
8	2	3	2	2
9	3	3	3	1

从表中可见，$L_9(3^4)$ 有9行、4列，表中由数字1、2、3组成。

正交表的特点：①每列中数字出现的次数相同，如 $L_9(3^4)$ 表每列中数字1、2、3均出现三次；②任意两列数字的搭配是均衡的，如 $L_9(3^4)$ 表里每两列中（1，1），（1，2），…，（3，3）九种组合各出现一次。这种均衡性是一般正交表构造的特点，它使得根据正交表安排的试验，其试验结果具有很好的可比性，易于进行统计分析。用正交表安排试验时，根据因素和水平个数的多少以及试验工作量的大小来考虑选用哪张正交表。

4.2.2.4 多重比较

方差分析可以对若干均值是否相等同时进行检验，看它们之间是否存在显著差异。如果检验结果拒绝原假设，仅仅表明接受检验的这几个均值不全相等，至于是哪一个或哪几个均值与其他均值不等，前面所进行的分析并没有告诉答案。如果对此问题进一步分析，就需要采用一些专门的方法。比如最小显著性差异法（*Least Significant Difference*，简写为 *LSD* 法）。

同时比较任意两个水平均值间有无显著性差异的问题通常被称为方差分析中的多重比较。

假设检验中曾讨论过两个正态总体均值差的检验问题，进行检验的统计量 t 的计算公式为

$$t=\frac{\bar{x}_1-\bar{x}_2-(\mu_1-\mu_2)}{S_\omega\sqrt{\frac{1}{n_1}+\frac{1}{n_2}}}\sim t(n_1+n_2-2)$$

其中
$$S_\omega=\sqrt{\frac{(n_1-1)s_1^2+(n_2-1)s_2^2}{n_1+n_2-2}}$$

当对多个总体进行比较时，需要用方差分析中的 MS_e 取代 S_ω^2，因为 MS_e 是基于 r 个水平中的所有样本观测值计算而得的。因而，统计量 t 的计算公式为

$$t=\frac{\bar{x}_i-\bar{x}_j-(\mu_i-\mu_j)}{\sqrt{MS_e(\frac{1}{n_i}+\frac{1}{n_j})}}$$

其自由度为$n-r$，n为全部样本单位数。

如果从各总体中抽取的样本数相同，即$n_i=n_j(i\neq j)$，上式可简化为

$$t=\frac{\bar{x}_i-\bar{x}_j-(\mu_i-\mu_j)}{\sqrt{MS_e\times\frac{2}{n_i}}}$$

根据假设检验的原理，给定显著性水平α，如果

$$|\bar{x}_i-\bar{x}_j|\geqslant\sqrt{MS_e(\frac{1}{n_i}+\frac{1}{n_j})}\times t_{\frac{\alpha}{2}}(n-r)$$

则认为μ_i与$\mu_j(i\neq j)$有显著性差异，否则可以认为μ_i与$\mu_j(i\neq j)$没有显著性差异。

4.3 实验过程

4.3.1 单因素方差分析实验

4.3.1.1 实验目的

（1）熟练掌握单因素方差分析的理论方法。

（2）掌握单因素方差分析的显著性判断。

4.3.1.2 实验要求

单因素方差分析的理论知识和MATLAB软件的相关内容。

4.3.1.3 实验内容

单因素方差分析是比较两组或多组数据的均值是否相等的一种假设检验法，它输出原假设中各组数据的均值都相等的概率。

函数：anova1（*）

调用格式：p= anova1（X）

p=anova1（X，group）

p=anova1（X，group，displayopt）

［p，table］ = anova1（…）

［p，table，stats］ = anova1（…）

说明：

（1）p=anova1（X）均衡数据的方差分析。

其中 X 为矩阵，其各列为彼此独立的样本观测值，其元素个数相同，此时输出的 p 是零假设成立时数据的概率值，若 p 值接近于 0，拒绝原假设，说明至少有一列均值与其余列均值有显著差异。

（2）p=anova1（X，group）不均衡数据用的命令。

输入：X 是一个向量，从第 1 个总体的样本到第 r 个总体的样本依次排列，group 是与 X 有相同长度的向量，表示 X 中的数据是如何分组的。Group 中的某元素等于 i，表示 X 中这个位置的数据是来自第 i 个总体，因此 group 中分量必须取正整数，从 1 到 r。

（3）p= anova1（X，group，displayopt）。

Displayopt=on/off，表示显示与隐藏方差分析表图和盒图。

（4）［p，table］ =anova1（…）。

Table 为方差分析表。

（5）［p，table，stats］ =anova1（…）。

Stats 为分析结果的构造。

anova1 函数产生两个图：标准的方差分析表图和盒图。

方差分析表中有六列：第一列（Source）显示 X 中数据可变性的来源；第二列（SS）显示用于每一列的平方和；第三列（df）显示与每一种可变性来源有关的自由度；第四列（MS）显示每一列的均方差，即 SS 与 df 的比值，第五列（F）显示 F 统计量的数值，它是 MS 的比值；第六列显示的是 F 对应的概率，F 增加时概率值减小。

【例 4.1】　（均衡数据的方差分析）用 5 种不同的施肥方案分别得到某种农作物的收获量（kg）如表 4-8 所示：

表 4-8　施肥方案与收获量

施肥方案	1	2	3	4	5
收获量	67	98	60	79	90
	67	96	69	64	70
	55	91	50	81	79
	42	66	35	70	88

在显著性水平 $\alpha = 0.05$ 下，检验施肥方案对农作物的收获量是否有显著影响。

解：在命令窗口输入命令如下：

≫A= ［［67 98 60 79 90］；［67 96 69 64 70］；［55 91 50 81 79］；［42 66 35 70 88］］

≫p=anova1（A）

运行结果如图 4-1 所示：

p=0. 0039

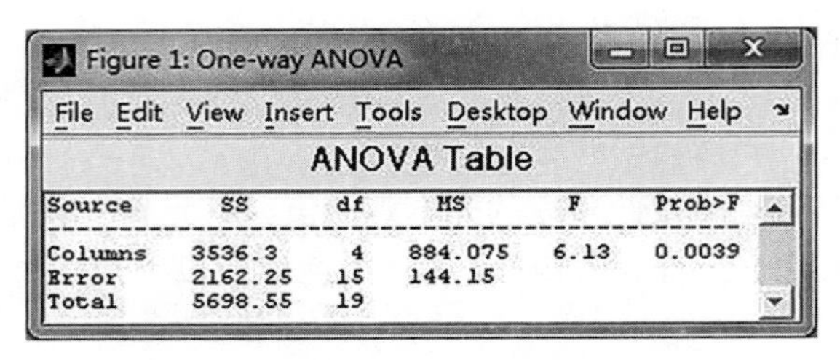

Figure 1: One-way ANOVA

ANOVA Table

Source	SS	df	MS	F	Prob>F
Columns	3536.3	4	884.075	6.13	0.0039
Error	2162.25	15	144.15		
Total	5698.55	19			

图 4-1　方差分析表

P=0. 0039<0. 05，拒绝原假设，所以认为施肥方案对农作物的收获量有显著影响。

图 4-2 分别对应 5 种不同施肥方案，其中第二个图对应第二种施肥方案，其离盒子中心线较远，效果最突出。

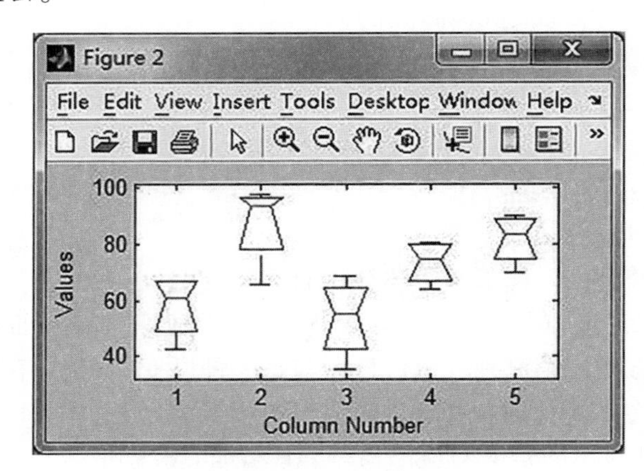

图 4-2　方差盒图

【例 4. 2】　（不均衡数据的方差分析）一个年级有 3 个小班，他们进行了一次数学考试，现从 3 个小班中分别随机抽取 12 个、15 个、13 个学生记录其成绩如下：

Ⅰ：73，66，89，60，82，45，43，93，83，36，73，77；

Ⅱ：88，77，78，31，48，78，91，62，51，76，85，96，74，80，56；

Ⅲ：68，41，79，59，56，68，91，53，71，79，71，15，87。

设各班成绩服从正态分布且方差相等，试在显著性水平 $\alpha=0.05$ 下，检验各班的平均分数有无显著性差异。

解：

在命令窗口输入命令如下：

x=［73　66　89　60　82　45　43　93　83　36　73　77　88　77　78　31　48　78
91　62　51　76　85　96　74　80　56　68　41　79　59　56　68　91　53　71
79　71　15　87］；

group=［ones（1，12），2* ones（1，15），3* ones（1，13）］；

p=anova1（x，group）

运行结果如图 4-3 所示：

p=0.6335

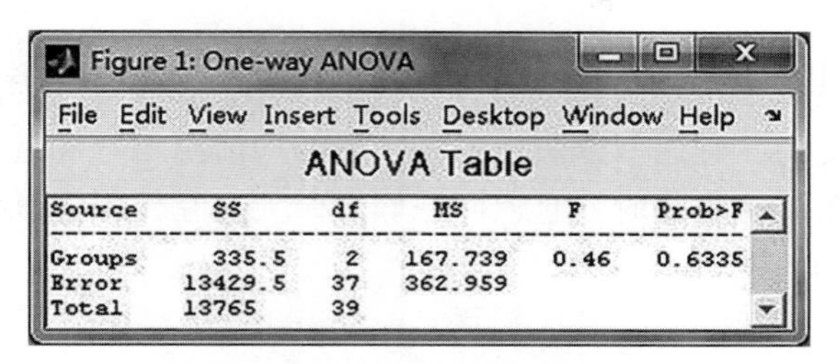

ANOVA Table

Source	SS	df	MS	F	Prob>F
Groups	335.5	2	167.739	0.46	0.6335
Error	13429.5	37	362.959		
Total	13765	39			

图 4-3　方差分析表

P=0.6335>0.05，保留原假设，所以认为各班的平均分数无显著性差异。

图 4-4 分别对应 3 个班级的成绩，可以看出盒子中的三个图离盒子中心都非常接近，可以认为三个总体的差别不显著。

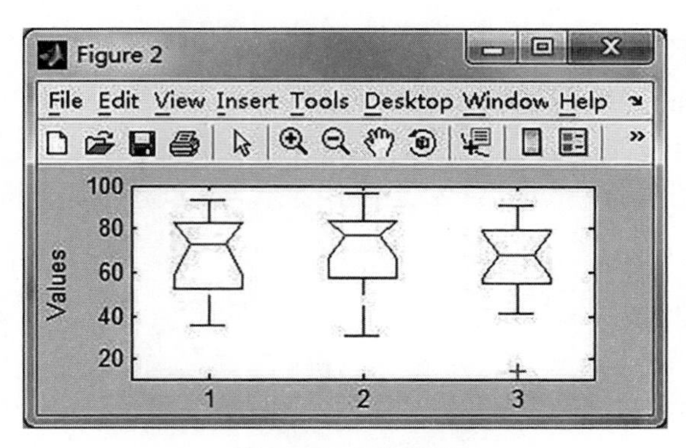

图 4-4　方差盒图

4.3.2　双因素方差分析实验

4.3.2.1　实验目的

（1）了解无交互作用和有交互作用的方差分析的基本思想。

（2）掌握运用 MATLAB 软件处理双因素方差分析的问题。

4.3.2.2　实验要求

双因素方差分析的理论知识和 MATLAB 软件的相关内容。

4.3.2.3 实验内容

双因素方差分析是数据矩阵两列或多列及两行或多行的均值是否相等的假设检验法，当每个实验单元无重复时，它返回原假设中各数据的均值都相等和各行数据的均值都相等的概率。当每个试验单元有重复时，它返回原假设中无交互作用的概率。

函数：anova2（*）

调用格式：

（1）p=anova2（X）。

（2）p=anova2（X，reps）。

（3）p=anova2（X，reps，displayopt）。

（4）[p，table] = anova1（…）。

（5）[p，table，stats] = anova1（…）。

在 MATLAB 中双因子有交互作用的方差分析命令如下：

[p，t，s] =anova2（X，reps）

其中输入 X 是一个矩阵，resp 表示试验的重复次数。输出的 p 值有三个，分别是各行、各列以及交互作用的概率，若 $p<\alpha$，有显著差异。t 是方差分析表，s 用于各因素均值的估计与比较。

【例 4.3】 下面记录了 3 位操作工分别在四台不同的机器上操作 3 天的日产量（见表 4-9）：

表 4-9 操作日产量

机器	操作工		
	甲（B_1）	乙（B_2）	丙（B_3）
M_1	15，15，17	19，19，16	16，18，21
M_2	17，17，17	15，15，15	19，22，22
M_3	15，17，16	18，17，16	18，18，18
M_4	18，20，22	15，16，17	17，17，17

设每个工人在每台机器上的日产量都服从正态分布且方差相同。试检验（$\alpha = 0.05$）：

（1）操作工之间的差异是否显著?

（2）机器之间的差异是否显著?

（3）交互影响是否显著?

解： 在命令窗口输入命令如下：

```
x=[15，15，17，17，17，17，15，17，16，18，20，22
   19，19，16，15，15，15，18，17，16，15，16，17
```

```
    16，18，21，19，22，22，18，18，18，17，17，17]；
reps=3；
[p，table，stat] =anova2 (x'，reps)
```

输出结果（见图 4-5）：

```
p=0.0023   0.6645   0.0002
table =
'Source'     'SS'          'df'       'MS'        'F'
'Columns'      [27.1667]     [ 2]     [13.5833]    [7.8871]
'Rows'         [2.75000]     [ 3]     [ 0.9167]    [0.5323]
'Interaction'  [73.5000]     [ 6]     [12.2500]    [7.1129]
'Error'        [41.3333]     [24]     [ 1.7222]
'Total'        [144.7500]    [35]
stat=
source：'anova2'
sigmasq：1.7222
colmeans：[17.1667 16.5000 18.5833]
coln：12
rowmeans：[17.3333 17.6667 17 17.6667]
rown：9
inter：1
pval：1.9217e-004
df：24
```

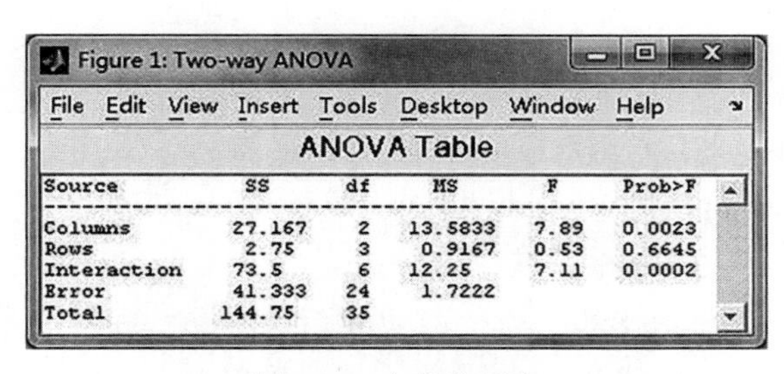

Figure 1: Two-way ANOVA

File Edit View Insert Tools Desktop Window Help

ANOVA Table

Source	SS	df	MS	F	Prob>F
Columns	27.167	2	13.5833	7.89	0.0023
Rows	2.75	3	0.9167	0.53	0.6645
Interaction	73.5	6	12.25	7.11	0.0002
Error	41.333	24	1.7222		
Total	144.75	35			

图 4-5　方差分析表

结果说明：

(1) 行因素操作工对应的 p=0.6645，大于显著性水平 $\alpha=0.05$，保留原假设，认为操作工之间没有显著差异，即认为甲乙丙三个工人对产量的影响不显著。

(2) 列因素四台机器对应的 p=0.0023，小于显著性水平 $\alpha=0.05$，拒绝原假设，认为四台机器对产量的影响显著性不同。

(3) 操作工和机器的交互作用对应的 p=0.0002，小于显著性水平 $\alpha=0.05$，拒绝原假设，认为操作工和机器的交互作用显著。

【例 4.4】 考察合成纤维中对纤维弹性有影响的两个因素：收缩率及总的拉伸倍数，各取四个水平，重复试验两次，得到如下的试验结果（见表 4-10）：

表 4-10 收缩率与拉伸倍数试验水平表

收缩率	拉伸倍数			
	B_1	B_2	B_3	B_4
A_1	71	72	73	75
	73	73	75	77
A_2	73	74	77	74
	75	76	78	74
A_3	73	77	74	73
	76	79	75	74
A_4	73	72	70	69
	75	73	71	69

在显著性水平 $\alpha=0.05$ 下，检验收缩率、总的拉伸倍数以及它们的交互作用对纤维弹性是否有显著影响。

解：

在命令窗口输入命令如下：

```
x=[71, 73, 73, 75, 73, 76, 73, 75,
   72, 73, 74, 76, 77, 79, 72, 73,
   73, 75, 77, 78, 74, 75, 70, 71,
   75, 77, 74, 74, 73, 74, 69, 69];
reps=2;
[p, table, stat] =anova2 (x', reps)
```

输出结果（见图 4-6）：

```
p=0.1363    0.0000    0.0006
table='Source'         'SS'          'df'        'MS'          'F'
      'Columns'      [8.5938]      [ 3]      [ 2.8646]     [ 2.1318]
      'Rows'         [ 70.5938]    [ 3]      [23.5313]     [17.5116]
      'Interaction'  [ 79.5313]    [ 9]      [ 8.8368]     [ 6.5762]
      'Error'        [ 21.5000]    [16]      [ 1.3438]
      'Total'        [180.2188]    [31]
stat=source: 'anova2'
     sigmasq: 1.3438
     colmeans: [73.6250 74.5000 74.1250 73.1250]
     coln: 8
     rowmeans: [73.6250 75.1250 75.1250 71.5000]
```

rown：8

inter：1

pval：5.9089e-004

df：16

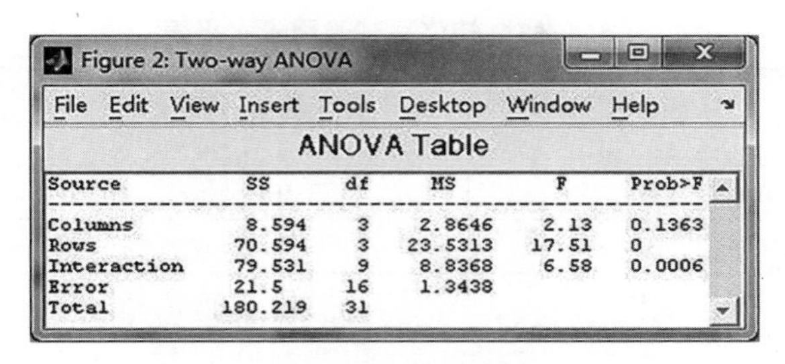

Source	SS	df	MS	F	Prob>F
Columns	8.594	3	2.8646	2.13	0.1363
Rows	70.594	3	23.5313	17.51	0
Interaction	79.531	9	8.8368	6.58	0.0006
Error	21.5	16	1.3438		
Total	180.219	31			

图 4-6　方差分析表

结果说明：收缩率 P=0.0000262<0.05，拉伸倍数 P=0.136299>0.05，交互因素 P=0.000591<0.05，所以认为收缩率及其与拉伸倍数的交互作用对纤维弹性有显著影响，而拉伸倍数对纤维弹性无显著影响。

4.3.3　多因素方差分析实验

4.3.3.1　实验目的

（1）了解多因素方差分析的基本思想。

（2）掌握运用 MATLAB 软件处理多因素方差分析的方法。

4.3.3.2　实验要求

多因素方差分析的理论知识，MATLAB 软件的相关内容。

4.3.3.3　实验内容

多因素方差分析是比较数据矩阵中对应 N 种不同因素的观察值的均值是否相等。

函数：anovan

调用格式：p=anovan（X，group）

X 中观测值所对应的因素和水平由单元数组 group 指定。对于每个因素 N，group 中每个单元 N 都包含一个指示 X 中观察值所对应的该因素各水平的列表。每个单元中的列表可以是数组、单元或字符串组成的单元数据组，它们必须与 X 具有相同的元素个数。输出向量 p 包含对于 N 个主要因素来讲原假设成立的概率值。

【例 4.5】 为提高某种化学产品的转化率（%），考虑三个有关因素：反应温度 A（℃），反应时间 B（min）和使用催化剂的含量 C（%）。各因素选取三个水平，如表 4-11 所示：

表 4-11 转化率试验因素水平表

因素 水平	温度 A	时间 B	催化剂含量 C
1	80	90	5
2	85	120	6
3	90	150	7

如果做全面试验，则需 $3^3=27$ 次，若用正交表 $L_9(3^4)$，仅做 9 次试验。将三个因素 A、B、C 分别放在 $L_9(3^4)$ 表的任意三列上，如将 A、B 分别放在 $L_9(3^4)$ 的第 1、2 列上，C 放在 $L_9(3^4)$ 的第 4 列上。将表中 A、B、C 所在的三列上的数字 1、2、3 分别用相应的因素水平去替代，得 9 次试验方案。以上工作称为表头设计，再将 9 次试验结果的转化率数据列于表 4-12 中。

表 4-12 转化率试验的正交表

因素 试验号	温度 A	时间 B	催化剂含量 C	转化率
1	80（1）	90（1）	6（2）	31
2	85（2）	90（1）	5（1）	54
3	90（3）	90（1）	7（3）	38
4	80（1）	120（2）	5（1）	53
5	85（2）	120（2）	7（3）	49
6	90（3）	120（2）	6（2）	42
7	80（1）	150（3）	7（3）	57
8	85（2）	150（3）	6（2）	62
9	90（3）	150（3）	5（1）	64

解：

在命令窗口输入命令如下：

```
y=[31  54  38  53  49  42  57  62  64]; g1=[1  2  3  1  2  3  1  2  3];
g2=[1  1  1  2  2  2  3  3  3]; g3=[2  1  3  1  3  2  3  2  1];
[p, t, st] =anovan (y, {g1, g2, g3} )
```

输出结果（见图 4-7）：

p=0.1364　0.0283　0.0714

求得概率 p=0.1364　0.0283　0.0714，可见因素 B、C 的各水平对指标值的影响有显著差异（显著性水平取 0.1），而因素 A 的各水平对指标值的影响无显著差异。

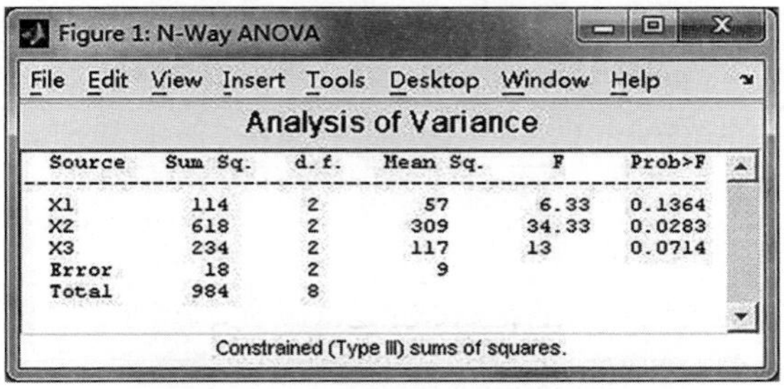

Figure 1: N-Way ANOVA

File Edit View Insert Tools Desktop Window Help

Analysis of Variance

Source	Sum Sq.	d.f.	Mean Sq.	F	Prob>F
X1	114	2	57	6.33	0.1364
X2	618	2	309	34.33	0.0283
X3	234	2	117	13	0.0714
Error	18	2	9		
Total	984	8			

Constrained (Type III) sums of squares.

图 4-7　方差分析表

4.3.4　多重比较实验

4.3.4.1　实验目的

（1）了解多重比较的基本思想。
（2）掌握运用 MATLAB 软件进行多重比较的方法。

4.3.4.2　实验要求

多重比较的理论知识和 MATLAB 软件的相关内容。

4.3.4.3　实验内容

多重比较是通过对总体均值之间的配对比较进一步检验到底哪些均值之间存在差异。

函数：multcompare

调用格式：c=multcompare（stats）

利用 stats 结构中的信息进行多重比较检验，返回成对比较的结果矩阵 c，它包含了以 5 列矩阵形式存储的检验结果。矩阵的每一行代表一次检验，每一对均值比较对应一行。行中的数据项显示了正在被比较的均值、均值差的估计值和置信区间。函数 multcompare 同上显示一个表示检验的交互式图形，图中每组的均值用一个符号和符号周围的区间表示。如果两个均值的区间不交叠，说明它们显著不同；如果两个区间交叠，则说明它们不是显著不同的。可以选中任何一组，图中其他任何与之显著不同的组将会高亮显示。

c=multcompare（stats，alpha），设定 c 矩阵和图形中置信区间的置信度。

c=multcompare（stats，alpha，'displayopt'），当'displayopt'为'on'时（缺省）显示图形，当'displayopt'为'off'时关闭显示。

c=multcompare（stats，alpha，'displayopt'，'ctype'），设定多重比较的关键值'ctype'。

'ctype'可以是表 4-13 中的任何值。

表 4-13 'ctype'的不同取值及含义

'ctype'	含义
'hsd'	使用 Tukey 诚实显著差异准则（缺省）
'lsd'	使用 Tukey 最小显著差异准则
'bonferroni'	在进行 bonferroni 调整以补偿多重比较之后使用 t 分布的关键值
'dunn-sidak'	与 bonferroni 方法类似，但比 bonferroni 方法更保守
'schffe'	使用源于 F 分布的 Scheffe 过程的关键值

c=multcompare（stats，alpha,'displayopt','ctype','estimate'，dim），设定要比较的估计值'estimate'，估计值的允许范围取决于表 4-14 所示的函数类型（结构 stats 来源于这些函数）。参数 dim 仅当输入 stats 结构 anovan（*）函数生产时有用。对于有 n 个因素的 n 元方差分析，dim 可以赋值为一个标量或 1 到 n 之间的整数。缺省值为 1。

［c，m，h］=multcompare（…），m 为矩阵，其中第一列包含了均值的估计量（或任何被比较的统计量），第二列包含了它们的标准差，h 为返回比较图形的句柄。

表 4-14 'estimate'的允许范围

数据源	估计值的允许值（'estimate'）
'anova1'	常比较组均值
'anova2'	比较'column'或'row'即列或行均值
'anovan'	常比较由参数 dim 设定的总体临界均值
'aoctool'	比较'slope''intercept'或'pmm'即斜率、截距、总体临界均值。如果协方差模型不包含分开的斜率，则'slope'不允许
'friedman'	常比较平均列排序值
'kruskalwallis'	常比较平均行排序值

【例 4.6】 为调查高校教师的年收入是否存在差异，从华北、中南、西北、华东四个地区各随机选取了 10 位教师组成一个样本，调查结果如表 4-15 所示：

表 4-15 4 个地区 10 位高校教师的年收入（万元）

华北	中南	西北	华东
6.09	5.08	4.95	6.59
4.59	3.96	4.23	5.86
6.21	4.42	3.55	4.93
6.66	4.00	4.91	5.29
6.80	5.39	5.67	4.85

续表

华北	中南	西北	华东
6. 50	4. 54	4. 14	5. 29
4. 94	6. 11	5. 13	5. 24
6. 23	4. 23	4. 94	4. 81
6. 26	3. 84	4. 21	4. 65
5. 72	3. 83	5. 57	4. 59

分析四个地区教师的年收入是否相同，如若不同，确定这些差异存在哪里？

解：在命令窗口输入命令如下：

≫x= [[6. 09　5. 08　4. 95　6. 59]; [4. 59　3. 96　4. 23　5. 86]; [6. 21　4. 42　3. 55　4. 93]; [6. 66　4. 00　4. 91　5. 29]; [6. 80　5. 39　5. 67　4. 85]; [6. 50　4. 54　4. 14　5. 29]; [4. 94　6. 11　5. 13　5. 24];　[6. 23　4. 23　4. 94　4. 81]; [6. 26　3. 84　4. 21　4. 65]; [5. 72　3. 83　5. 57　4. 59]];

≫p=anova1 (x)

运行结果显示如下（见图 4-8）：

p=1. 7270e-004

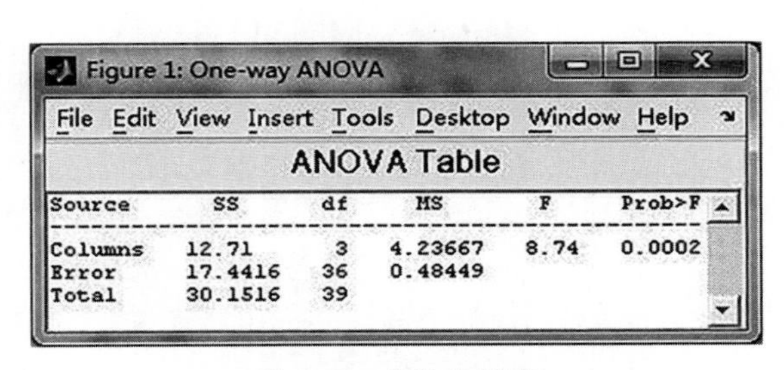
Figure 1: One-way ANOVA
File Edit View Insert Tools Desktop Window Help
ANOVA Table

Source	SS	df	MS	F	Prob>F
Columns	12.71	3	4.23667	8.74	0.0002
Error	17.4416	36	0.48449		
Total	30.1516	39			

图 4-8　方差分析表

结果说明：p=0. 0002，小于显著性水平 0. 05，拒绝原假设，认为四个地区的教师年收入显著不同。

现分析这些差异在哪里。

继续在命令窗口输入命令如下：

≫ [p, table, stats] =anova1 (x); c=multcompare (stats)

运行结果显示如下：

```
c=1. 0000  2. 0000  0. 6216  1. 4600  2. 2984
  1. 0000  3. 0000  0. 4316  1. 2700  2. 1084
  1. 0000  4. 0000  -0. 0484  0. 7900  1. 6284
  2. 0000  3. 0000  -1. 0284  -0. 1900  0. 6484
  2. 0000  4. 0000  -1. 5084  -0. 6700  0. 1684
  3. 0000  4. 0000  -1. 3184  -0. 4800  0. 3584
```

结果说明：输出矩阵的第 1 行和第 2 行显示包括华北地区的两个比较都有不包含 0 的置信区间，也就是说华北地区与中南地区的教师年收入差异显著，华北地区与西北地区的教师年收入差异显著。

输出矩阵的第 3 行至第 6 行显示两个地区教师年收入的差异是不显著的，其差异的 95%的置信区间均包含 0 在内，因此不能拒绝真实差异为 0 的假设。图 4-9 也显示了这些信息。

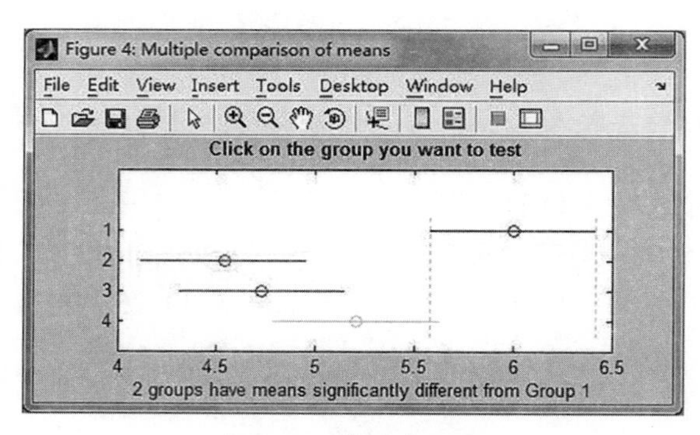

图 4-9　检验交互图

第 5 章

回归分析

5.1 实验目的

回归分析是研究变量间相关关系的一种统计方法，它能够帮助我们根据一个变量的取值去估计另一个变量的取值。

根据自变量的个数，回归分析可分为一元回归分析和多元回归分析；根据模型表达式的类型，又可分为线性回归分析和非线性回归分析。当线性回归模型中正规方程的系数矩阵接近奇异时，可采用改进的最小二乘法——岭回归进行建模分析。在多元线性回归分析中，自变量的选取十分重要，逐步回归是筛选自变量的常用方法。

本实验旨在使学生利用 MATLAB 的工具箱进行回归分析，包括一元与多元线性回归模型的参数估计、岭回归、逐步回归、非线性回归、回归诊断等。

5.2 实验原理

5.2.1 线性回归模型的参数估计

线性回归模型包括一元线性回归模型和多元线性回归模型。这两种回归模型的回归系数都采用最小二乘法进行估计，这里把一元线性回归模型的参数估计看成多元线性回归模型参数估计的特例，即一元线性回归模型是参数个数为 1 的多元线性回归模型。

5.2.1.1 多元线性回归模型的建立

为了简便起见，假定两类变量：响应变量 Y 与影响 Y 的自变量 $x_i(i=1, 2, \cdots, p)$，它们之间存在相关关系。x_i 的值是可以控制或精确测量的，Y 是因变量，对于给定的 $x_i(i=1, 2, \cdots, p)$ 的值，Y 的值事先不能确定，故 Y 是随机变量。为了研究 Y 与 $x_i(i=1, 2, \cdots, p)$ 的关系，首先要收集数据，再用统计方法进行分析。

设自变量 $x_1, x_2, \cdots, x_p$ 是可控变量 $(p>1)$，因变量 Y 是随机变量，它们之间具有统计相关关系，若

$$Y=f(x_1, x_2, \cdots, x_p)+\varepsilon, \quad E(\varepsilon)=0 \tag{5-1}$$

则称式(5-1)为 p 元回归模型。

$$Y=\beta_0+\beta_1x_1+\cdots+\beta_px_p+\varepsilon,\ E(\varepsilon)=0 \tag{5-2}$$

则称式(5 - 2)为 p 元线性回归模型。

$$Y=\beta_0+\beta_1x_1+\cdots+\beta_px_p+\varepsilon,\ \varepsilon\sim N(0,\ \sigma^2) \tag{5-3}$$

则称式(5 - 3)为 p 元正态线性回归模型。

取 $E(Y)$，称 $EY=\beta_0+\beta_1x_1+\cdots+\beta_px_p$ 为 p 元线性回归（平面）方程。未知参数 $\beta_j(j=0,\ 1,\ 2,\ \cdots,\ p)$ 称为回归系数。

对变量 $x_1,\ x_2,\ \cdots,\ x_p$；Y 作 n 次（$n\gg p$）观测，得到观测值（$x_{i1},\ x_{i2},\ \cdots,\ x_{ip}$；$Y_i$），其中 $i=1,\ 2,\ \cdots,\ n$，即有下表5-1：

表 5-1　观测值

观测变量 / 观测次数	x_1	x_2	$\cdots$	x_p	Y
1	x_{11}	x_{12}	$\cdots$	x_{1p}	$Y_1=y_1$
2	x_{21}	x_{22}	$\cdots$	x_{2p}	$Y_2=y_2$
$\vdots$	$\vdots$	$\vdots$	$\cdots$	$\vdots$	$\cdots$
n	x_{n1}	x_{n2}	$\cdots$	x_{np}	$Y_n=y_n$

于是模型（5-3）又化为

$$\begin{cases}Y_1=\beta_0+\beta_1x_{11}+\cdots+\beta_px_{1p}+\varepsilon_1\\ Y_2=\beta_0+\beta_1x_{21}+\cdots+\beta_px_{2p}+\varepsilon_2\\ \qquad\vdots\\ Y_n=\beta_0+\beta_1x_{n1}+\cdots+\beta_px_{np}+\varepsilon_n\\ \varepsilon_i\sim N(0,\ \sigma^2)\text{，且相互独立}\end{cases} \tag{5-4}$$

则称式（5-4）为 p 元正态线性回归的观测值模型。

为表达方便，寻求模型（5-4）式的矩阵表示，记为

$$Y=\begin{bmatrix}Y_1\\Y_2\\\vdots\\Y_n\end{bmatrix},\ X=\begin{bmatrix}1&x_{11}&x_{12}&\cdots&x_{1p}\\1&x_{21}&x_{22}&\cdots&x_{2p}\\\vdots&\vdots&\vdots&\vdots&\vdots\\1&x_{n1}&x_{n2}&\cdots&x_{np}\end{bmatrix},\ \beta=\begin{bmatrix}\beta_0\\\beta_1\\\vdots\\\beta_p\end{bmatrix},\ \varepsilon=\begin{bmatrix}\varepsilon_1\\\varepsilon_2\\\vdots\\\varepsilon_n\end{bmatrix}$$

则模型（5-4）又化为

$$\begin{cases}Y=X\beta+\varepsilon\\ \varepsilon\sim N_n(0,\ \sigma^2I)\end{cases} \tag{5-5}$$

其中，称 Y 为因变量的观测向量，β 为未知参数向量，X 为结构矩阵，ε 为 n 维正态随机变量，则 ε 的期望向量为

$$\mu=E(\varepsilon)=\begin{bmatrix}E(\varepsilon_1)\\E(\varepsilon_2)\\\vdots\\E(\varepsilon_n)\end{bmatrix}=0$$

协方差矩阵为

$$D(\varepsilon)=\begin{bmatrix}\sigma^2 & 0 & \cdots & 0\\ 0 & \sigma^2 & \cdots & 0\\ \vdots & \vdots & \ddots & \vdots\\ 0 & 0 & \cdots & \sigma^2\end{bmatrix}_{n\times n}=\sigma^2 I$$

显然

$$Y=X\beta+\varepsilon\sim N_n(X\beta,\ \sigma^2 I)$$

对于 p 元正态线性回归分析，仍有以下三方面工作：①估计未知参数 $\beta_j(j=0,\ 1,\ 2,\ \cdots,\ p)$；②对模型的假设检验和对参数 $\beta_j(j=0,\ 1,\ 2,\ \cdots,\ p)$ 的假设检验；③在 $x_0=(x_{01},\ x_{02},\ \cdots,\ x_{0p})$ 处对 y_0 作预测。

5.2.1.2 多元线性回归模型参数的最小二乘估计

5.2.1.2.1 $\beta_j(j=0,\ 1,\ 2,\ \cdots,\ p)$ 的最小二乘估计

给定 x_{i1}，x_{i2}，$\cdots$，x_{ip}，相应的 Y_i 满足模型（5-4），从而得到

$$Y_i=\beta_0+\beta_1 x_{i1}+\cdots+\beta_p x_{ip}+\varepsilon_i\sim N(\beta_0+\beta_1 x_{i1}+\cdots+\beta_p x_{ip},\ \sigma^2)$$

将 y_i 作为 $E(Y_i)$ 近似 Y_i 的观测值时产生的均方误差为

$$Q(\beta)=\sum_{i=1}^{n}\varepsilon_i^2=\sum_{i=1}^{n}(y_i-\beta_0-\beta_1 x_{i1}-\cdots-\beta_p x_{ip})^2$$

如有 $\hat{\beta}$ 使 $Q(\hat{\beta})=\min Q(\beta)$，则称 $\hat{\beta}$ 为 β 的最小二乘估计。为求 $\hat{\beta}$，令

$$\begin{cases}\dfrac{\partial Q}{\partial\beta_0}=-2\sum\limits_{i=1}^{n}(y_i-\beta_0-\beta_1 x_{i1}-\cdots-\beta_p x_{ip})=0\\ \dfrac{\partial Q}{\partial\beta_1}=-2\sum\limits_{i=1}^{n}(y_i-\beta_0-\beta_1 x_{i1}-\cdots-\beta_p x_{ip})x_{i1}=0\\ \qquad\vdots\\ \dfrac{\partial Q}{\partial\beta_p}=-2\sum\limits_{i=1}^{n}(y_i-\beta_0-\beta_1 x_{i1}-\cdots-\beta_p x_{ip})x_{ip}=0\end{cases}\tag{5-6}$$

即

$$\begin{cases}n\hat{\beta}_0+(\sum\limits_{i=1}^{n}x_{i1})\hat{\beta}_1+(\sum\limits_{i=1}^{n}x_{i2})\hat{\beta}_2+\cdots+(\sum\limits_{i=1}^{n}x_{ip})\hat{\beta}_p=\sum\limits_{i=1}^{n}y_i\\ (\sum\limits_{i=1}^{n}x_{i1})\hat{\beta}_0+(\sum\limits_{i=1}^{n}x_{i1}^2)\hat{\beta}_1+(\sum\limits_{i=1}^{n}x_{i1}x_{i2})\hat{\beta}_2+\cdots+(\sum\limits_{i=1}^{n}x_{i1}x_{ip})\hat{\beta}_p=\sum\limits_{i=1}^{n}x_{i1}y_i\\ \qquad\vdots\\ (\sum\limits_{i=1}^{n}x_{ip})\hat{\beta}_0+(\sum\limits_{i=1}^{n}x_{ip}x_{i1})\hat{\beta}_1+(\sum\limits_{i=1}^{n}x_{ip}x_{i2})\hat{\beta}_2+\cdots+(\sum\limits_{i=1}^{n}x_{ip}^2)\hat{\beta}_p=\sum\limits_{i=1}^{n}x_{ip}y_i\end{cases}\tag{5-7}$$

式（5-7）称为正规方程组，其矩阵形式为

$$\begin{bmatrix} n & \sum_{i=1}^{n} x_{i1} & \sum_{i=1}^{n} x_{i2} & \cdots & \sum_{i=1}^{n} x_{ip} \\ \sum_{i=1}^{n} x_{i1} & \sum_{i=1}^{n} x_{i1}^2 & \sum_{i=1}^{n} x_{i1}x_{i2} & \cdots & \sum_{i=1}^{n} x_{i1}x_{ip} \\ \sum_{i=1}^{n} x_{i2} & \sum_{i=1}^{n} x_{i2}x_{i1} & \sum_{i=1}^{n} x_{i2}^2 & \cdots & \sum_{i=1}^{n} x_{i2}x_{ip} \\ & \cdots & & \cdots & \\ \sum_{i=1}^{n} x_{ip} & \sum_{i=1}^{n} x_{ip}x_{i1} & \sum_{i=1}^{n} x_{ip}x_{i2} & \cdots & \sum_{i=1}^{n} x_{ip}^2 \end{bmatrix} \begin{bmatrix} \hat{\beta}_0 \\ \hat{\beta}_1 \\ \hat{\beta}_2 \\ \vdots \\ \hat{\beta}_p \end{bmatrix} = \begin{bmatrix} 1 & 1 & 1 & \cdots & 1 \\ x_{11} & x_{21} & x_{31} & \cdots & x_{n1} \\ x_{12} & x_{22} & x_{32} & \cdots & x_{n2} \\ & \cdots & & \cdots & \\ x_{1p} & x_{2p} & x_{3p} & \cdots & x_{np} \end{bmatrix} \begin{bmatrix} y_1 \\ y_2 \\ \vdots \\ y_n \end{bmatrix}$$

即

$$\begin{bmatrix} 1 & 1 & 1 & \cdots & 1 \\ x_{11} & x_{21} & x_{31} & \cdots & x_{n1} \\ x_{12} & x_{22} & x_{32} & \cdots & x_{n2} \\ & \cdots & & \cdots & \\ x_{1p} & x_{2p} & x_{3p} & \cdots & x_{np} \end{bmatrix} \begin{bmatrix} 1 & x_{11} & x_{12} & \cdots & x_{1p} \\ 1 & x_{21} & x_{22} & \cdots & x_{2p} \\ 1 & x_{31} & x_{32} & \cdots & x_{3p} \\ & \cdots & & \cdots & \\ 1 & x_{n1} & x_{n2} & \cdots & x_{np} \end{bmatrix} \begin{bmatrix} \hat{\beta}_0 \\ \hat{\beta}_1 \\ \hat{\beta}_2 \\ \vdots \\ \hat{\beta}_p \end{bmatrix}$$

$$= \begin{bmatrix} 1 & 1 & 1 & \cdots & 1 \\ x_{11} & x_{21} & x_{31} & \cdots & x_{n1} \\ x_{12} & x_{22} & x_{32} & \cdots & x_{n2} \\ & \cdots & & \cdots & \\ x_{1p} & x_{2p} & x_{3p} & \cdots & x_{np} \end{bmatrix} \begin{bmatrix} y_1 \\ y_2 \\ \vdots \\ y_n \end{bmatrix}$$

亦即

$$X^T X\hat{\beta} = X^T Y \tag{5-8}$$

式（5-8）称为正规方程。当 $X^T X$ 可逆时，有

$$\hat{\beta} = (X^T X)^{-1} X^T Y \tag{5-9}$$

其中，$\hat{\beta}_0$ 称为经验回归常数，$\hat{\beta}_j (j = 1, 2, \cdots, p)$ 称为经验回归系数，可得 p 元线性方程

$$\hat{Y} = \hat{\beta}_0 + \hat{\beta}_1 x_1 + \cdots + \hat{\beta}_p x_p \tag{5-10}$$

式（5-10）称为经验回归平面方程。

由正规方程组（5-7）式中的第一个方程

$$n\hat{\beta}_0 + (\sum_{i=1}^{n} x_{i1})\hat{\beta}_1 + (\sum_{i=1}^{n} x_{i2})\hat{\beta}_2 + \cdots + (\sum_{i=1}^{n} x_{ip})\hat{\beta}_p = \sum_{i=1}^{n} y_i$$

可得

$$\hat{\beta}_0 = \bar{y} - \bar{x}_1\hat{\beta}_1 - \bar{x}_2\hat{\beta}_2 - \cdots - \bar{x}_p\hat{\beta}_p$$

即 $\hat{\beta}_0$ 与 $\hat{\beta}_1$，$\hat{\beta}_2$，…，$\hat{\beta}_p$ 有关，上式代入（5-10）式，得

$$y=(\bar{y}-\bar{x}_1\hat{\beta}_1-\bar{x}_2\hat{\beta}_2-\cdots-\bar{x}_p\hat{\beta}_p)+\hat{\beta}_1x_1+\cdots+\hat{\beta}_px_p$$
$$=\bar{y}+\hat{\beta}_1(x_1-\bar{x}_1)+\hat{\beta}_2(x_2-\bar{x}_2)+\cdots+\hat{\beta}_p(x_p-\bar{x}_p)$$

故 $p+1$ 维的点（$\bar{x}_1$，$\bar{x}_2$，…，$\bar{x}_p$，$\bar{y}$）总位于经验回归平面方程上。

5.2.1.2.2　σ^2 的矩估计

将式（5-9）中的 $\hat{\beta}$ 代入 Q 的表达式时，得到 Q_{min}，称之为残差平方和或剩余平方和。由式（5-5）得

$$Q_{min}=(\sum_{i=1}^{n}\varepsilon_i^2)_{min}=\left[(\varepsilon_1,\ \varepsilon_2,\ \cdots,\ \varepsilon_n)\begin{pmatrix}\varepsilon_1\\ \varepsilon_2\\ \vdots\\ \varepsilon_n\end{pmatrix}\right]_{min}=(\varepsilon^T\varepsilon)_{min}$$
$$=[(Y-X\beta)^T(Y-X\beta)]_{min}$$

故

$$Q_{min}=(Y-X\hat{\beta})^T(Y-X\hat{\beta}) \tag{5-11}$$

由矩法知，σ^2 的矩估计为

$$\hat{\sigma}^2=D(\hat{\varepsilon})=E(\hat{\varepsilon}^2)=\bar{\varepsilon}^2=\frac{1}{n}\sum_{i-1}^{n}\varepsilon_i^2=\frac{1}{n}Q_{min} \tag{5-12}$$

5.2.1.2.3　多重相关系数 r

令

$$r^2=1-\frac{Q_{min}}{L_{yy}}$$

其中

$$L_{yy}=\sum_{i=1}^{n}(y_i-\bar{y})^2=nS_y^2=(n-1)S_y^{*2}$$

称 r 为多重相关系数。$|r|$ 越接近 1 时，Q_{min} 越接近 0，说明线性回归的效果越好；特别是当 $|r|=1$ 时，$Q_{min}=0$，说明观测点（x_{i1}，x_{i2}，…，x_{ip}；y_i），其中 $i=1$，2，…，n 全部落在经验回归平面方程 $\hat{Y}=\hat{\beta}_0+\hat{\beta}_1x_1+\cdots+\hat{\beta}_px_p$ 上。

5.2.1.3　线性回归模型参数的区间估计

线性回归模型的参数估计量是随机变量，利用一次抽样的样本观测值，估计得到的只是参数的一个点估计值。

如果用参数估计量的一个点估计值近似代表参数值，那么二者的接近程度如何？该值有多大的概率达到该接近程度？这就需要构造参数的一个区间即以点估计值为中心的一个区间（称为置信区间，confidence interval），该区间以一定概率（称为置信水平，confidence coefficient）包含该参数。

$$P(\hat{\beta}_i - c < \beta_i < \hat{\beta}_i + c) = 1 - \alpha$$

参数估计量的区间估计的目的就是求得与 α 相对应的 c 值。

根据多元线性回归模型的基本假定，随机扰动项 ε 服从多元正态分布

$$\varepsilon \sim N(0, \sigma^2 I)$$

由 $\hat{\beta} = (X^T X)^{-1} X^T Y$，$Y = X\beta + \varepsilon \Rightarrow \hat{\beta} = \beta + (X^T X)^{-1} X^T \varepsilon$ 可知参数估计 $\hat{\beta}$ 中的任何一个元素 $\hat{\beta}_i$ 等于矩阵 β 中的对应元素 β_i 与 $\varepsilon_i (i = 1, 2, \cdots, n)$ 的线性组合，由于 ε 服从多元正态分布，得到 $\hat{\beta}$ 也服从多元正态分布，即

$$\hat{\beta} \sim N(\beta, \sigma^2 (X^T X)^{-1})$$

若以 c_{ii} 表示矩阵 $(X^T X)^{-1}$ 主对角线上的第 i 个元素，则参数估计量 $\hat{\beta}_i$ 的方差为 $Var(\hat{\beta}_i) = \sigma^2 c_{ij}$，因此

$$\hat{\beta}_i \sim N(\beta_i, \sigma^2 c_{ij})$$

由于 σ^2 无法得到，只能用其无偏估计量 $\hat{\sigma}^2 = \dfrac{e'e}{n - p - 1}$ 近似地代替 σ^2。

构造枢轴量

$$t = \frac{\hat{\beta}_i - \beta_i}{\sqrt{\hat{\sigma}^2 c_{ij}}} = \frac{\hat{\beta}_i - \beta_i}{\sqrt{c_{ij} \times \dfrac{e'e}{n - p - 1}}}$$

令 $s_{\hat{\beta}_i} = \sqrt{c_{ij} \times \dfrac{e'e}{n - p - 1}}$，则由抽样分布可知 $t = \dfrac{\hat{\beta}_i - \beta_i}{s_{\hat{\beta}_i}} \sim t(n - p - 1)$。若给定置信度 $1-\alpha$，可在 t 分布表中查得临界值 $t_{\frac{\alpha}{2}}(n - p - 1)$，即 $P\left(\dfrac{|\hat{\beta}_i - \beta_i|}{s_{\hat{\beta}_i}} < t_{\frac{\alpha}{2}}(n - p - 1)\right) = 1 - \alpha$，可得 $P(\hat{\beta}_i - s_{\hat{\beta}_i} \times t_{\frac{\alpha}{2}}(n - p - 1) < \beta_i < \hat{\beta}_i + s_{\hat{\beta}_i} \times t_{\frac{\alpha}{2}}(n - p - 1)) = 1 - \alpha$。

因此，β_i 置信度为 $1 - \alpha$ 的置信区间为

$$(\hat{\beta}_i - s_{\hat{\beta}_i} \times t_{\frac{\alpha}{2}}(n - p - 1), \hat{\beta}_i + s_{\hat{\beta}_i} \times t_{\frac{\alpha}{2}}(n - p - 1))$$

5.2.2 回归诊断——残差图分析

在线性回归模型中，作如下假设：①EY 是 $x_1, x_2, \cdots, x_p (p \geqslant 1)$ 的线性函数；②各次试验的误差项 $\varepsilon_1, \varepsilon_2, \cdots, \varepsilon_n$ 相互独立；③各次试验的误差项相同，即 $Var(\varepsilon_i) = \sigma^2 (i = 1, 2, \cdots, n)$；④ $\varepsilon_i \sim N(0, \sigma^2)$，其中 $i = 1, 2, \cdots, n$。

在实际问题中这些假设是否成立，即模型的四个假设条件是否适合试验所收集到的数据，我们并不能肯定，所以拟合一个模型后，必须在应用之前进一步考察模型对所给数据的实用性。若拟合的模型不能较好地反映数据的特点，就必须对模型进行必要的修正或者

对数据进行某些处理。

在这一方面，残差是诊断的重要工具。由残差 e_i 的定义可知，若模型合理，将 e_i ($i=1$，2，…，n) 近似看作第 i 次的测量误差，可基本反映未知误差 ε_i($i=1$，2，…，n) 的特性，所以可以利用残差的特点反过来考察原模型的合理性。通过残差分析，除了对上述四条假设进行诊断外，还可以在一定程度上诊断观测值中是否有异常值存在以及是否在模型拟合或收集数据中遗漏了某些重要的自变量。

残差图是指以残差为纵轴，以任何其他指定的量为横坐标的散点图。横坐标常选用观测时间或观测值序号、观测值 Y 的拟合值 $\hat{Y}$ 和某个自变量 x_j($j=1$，2，…，p)。通过残差图进行分析可对误差的方差齐性、独立性及回归函数中是否应包含其他自变量或自变量的高次项或交叉乘积项等问题给出直观的检验。

例如，若模型适当，以拟合值 $\hat{Y}$ 为横坐标的残差图应呈现出样本点在水平带状区域内随机无趋势的散布。如果呈现出其他形状，则说明所选回归函数的形式不当，应该在拟合模型前对 Y 做变换或应在函数中添加某些变量的高次项或交叉项；也可能是误差项方差不是常数；还可能是拟合数据和真实数据间存在系统偏差，在测量数据时遗漏了某些对因变量有显著影响的自变量而造成了这种偏差。

5.2.3　岭回归

岭回归是一种改进最小二乘估计的方法，适用于自变量 x_1，x_2，…，x_p($p \geqslant 1$) 间相关性强时或某些变量的变化范围太小（即当线性回归的结构矩阵 X 呈病态时，系数行列式 $|X^TX| \approx 0$) 时。这时，虽然 $(X^TX)^{-1}$ 存在，但 β 的最小二乘估计 $\hat{\beta}$ 的均方误差将会变大且不稳定。为了显著改善自变量存在多重共线性时最小二乘估计的均方误差，增强估计的稳定性，引入岭回归。

岭回归方法主要是在病态的矩阵 (X^TX) 中沿主对角线人为地加进正数，从而使矩阵 (X^TX) 的最小特征值稍稍变大些。因为 β 的最小二乘估计为

$$\hat{\beta} = (X^TX)^{-1}X^TY$$

则 β 的岭估计可定义为

$$\hat{\beta}(k) = (X^TX + kI_{p+1})^{-1}X^TY,\ 0 < k < +\infty$$

从上式可以看出，当 k=0 时，即为最小二乘估计，当 $k \to +\infty$ 时，$\hat{\beta}(k) \to 0$。k 取多大值较合适呢？由于 $\hat{\beta}(k) = (X^TX + kI_{p+1})^{-1}X^TY$ 是 k 的函数，在平面直角坐标系中若以横轴为 k，纵轴为 $\hat{\beta}(k)$，则可画出一条曲线，称这条曲线为岭迹。根据岭估计的性质，当 k=0 时，岭迹反映最小二乘估计的不稳定性；当 $k \to +\infty$ 时，岭迹将趋于 0。在 0 到 $+\infty$ 的变化过程中，$\hat{\beta}(k)$ 的变化可能比较复杂。如何选择岭参数 k？岭回归计算程序及输出岭迹的程序都不难，本书采用岭迹图示分析法，即观察岭迹曲线，原则上应选取使 $\hat{\beta}(k)$ 的稳定的最小 k 值，同时保证残差平方和也不增加太多。

5.2.4 逐步回归

在实际问题中，人们总是希望从对因变量 Y 有影响的诸多变量中选择一些变量作为自变量，应用多元回归分析的方法建立“最优”回归方程以便对因变量进行预报或控制。所谓“最优”回归方程，主要是指希望在回归方程中包含所有对因变量 Y 影响显著的自变量而不包含对 Y 影响不显著的自变量的回归方程。逐步回归分析正是根据这种原则提出来的一种回归分析方法。它的主要思路是在考虑的全部自变量中按其对 Y 的作用大小、显著程度大小或者说贡献大小，由大到小地将其逐个引入回归方程，而那些对 Y 作用不显著的变量可能始终不会被引入回归方程。另外，已被引入回归方程的变量在引入新变量后也可能失去重要性，因而需要从回归方程中剔除出去。引入一个变量或者从回归方程中剔除一个变量都称为逐步回归的一步，每一步都要进行 F 检验，以保证在引入新变量前，回归方程中只含有对 Y 影响显著的变量，而不显著的变量已被剔除。

逐步回归分析的实施过程，每一步都要计算已引入回归方程的变量的偏回归平方和（即贡献），然后选一个偏回归平方和最小的变量，在预先给定的 F 水平下进行显著性检验，如果显著则该变量不必从回归方程中剔除，这时方程中其他几个变量也都不需要剔除（因为其他几个变量的偏回归平方和都大于该变量）。相反，如果不显著，则该变量要剔除，然后按偏回归平方和由小到大地依次对方程中的其他变量进行 F 检验。将对 Y 影响不显著的变量全部剔除，保留的都是显著的。接着再分别计算未引入回归方程的变量的偏回归平方和，并选其中偏回归平方和最大的一个变量，同样在给定 F 水平下对其进行显著性检验，如果显著则将该变量引入回归方程，这一过程一直继续下去，直到回归方程中的变量都不能剔除而又无新变量可以引入时为止，这时逐步回归过程结束。

这种方法虽然不能从理论上证明所建立的方程在什么意义上是“最优”的，但它能保证最后所得的方程中每一个系数都是显著的。由于计算机的普及，只需用求解求逆紧凑变化就可以完成选变量与建立方程的工作，所以这种方法获得了广泛的应用。

5.2.5 非线性回归

5.2.5.1 可线性化的非线性回归模型

虽然因变量 Y 与解释变量 x_1，x_2，…，x_p 或未知参数 β_1，β_2，…，β_p 之间不存在线性关系，但能通过适当的变化将其化为标准的线性回归模型，这类回归模型称为可线性化的非线性回归模型。

5.2.5.2 不可线性化的非线性回归模型

不但因变量 Y 与解释变量 x_1，x_2，…，x_p 和未知参数 β_1，β_2，…，β_p 之间不存在线性关系，而且不能通过适当的变化将其化为标准的线性回归模型，这类模型称为不可线性化的非线性回归模型。

5.3 实验过程

5.3.1 线性回归模型的参数估计实验

5.3.1.1 实验目的

（1）掌握线性回归分析的基础知识。
（2）掌握运用 MATLAB 软件进行线性回归分析的实验方法。

5.3.1.2 实验要求

线性回归分析的理论知识和 MATLAB 软件的相关内容。

5.3.1.3 实验内容

利用统计工具箱中的函数 regress 实现一元或多元线性回归模型参数的最小二乘估计。
函数：regress
调用格式：b=regress（y，x）
[b，bint，r，rint，stats] =regress（y，x）

x 为结构矩阵，即 x 为一个取值全为 1 的虚拟变量和 p 个自变量构成的回归变量矩阵；y 为因变量的观测值向量。b 为返回模型参数的最小二乘估计值，bint 为返回参数的置信度 95%的置信区间；r 为返回的残差，rint 为返回残差的置信度 95%的置信区间，stats 返回统计量——拟合优度 R^2、F 检验统计量、F 对应的 p 值及估计误差方程。

【例 5.1】 根据经验，在人的身高相等的条件下，其血压 Y 与体重 x_1、年龄 x_2 有关，现有如下 13 组观测数据（见表 5-2）：

表 5-2　血压与体重、年龄数据

观测次数	体重 x_1	年龄 x_2	血压 Y
1	152	50	120
2	183	20	141
3	171	20	124
4	165	30	126
5	158	30	117
6	161	50	125
7	149	60	123
8	158	50	125
9	170	40	132
10	153	55	123
11	164	40	132
12	190	40	155
13	185	20	147

试求 Y 关于 x_1、x_2 的线性回归方程。

解：设回归模型为 $Y=\beta_0+\beta_1x_1+\beta_2x_2+\varepsilon$，$\varepsilon\sim N(0,\ \sigma^2)$，记

$$X=\begin{bmatrix}1&1&1&1&1&1&1&1&1&1&1&1&1\\152&183&171&165&158&161&149&158&170&153&164&190&185\\50&20&20&30&30&50&60&50&40&55&40&40&20\end{bmatrix}^T$$

$$Y=[120\ 141\ 124\ 126\ 117\ 125\ 123\ 125\ 132\ 123\ 132\ 155\ 147]^T$$

MATLAB 程序：

```
≫x1= [152 183 171 165 158 161 149 158 170 153 164 190 185];
x2= [50 20 20 30 30 50 60 50 40 55 40 40 20];
x= [ones (1, 13); x1; x2]';
y= [120 141 124 126 117 125 123 125 132 123 132 155 147]';
≫plot (x1, y,'r*', x2, y,'k*')
```

输出散点图（见图 5-1）结果为：

通过散点图，可以看出 Y 与 x_1 及 Y 与 x_2 都具有线性关系，进行线性回归分析是可行的。在命令窗口输入命令：

```
≫ [b, bint, r, rint, stats] =regress (y, x)
```

运行结果为：

```
b=-62.9634
   1.0683
   0.4002
bint=-100.8412   -25.0855
```

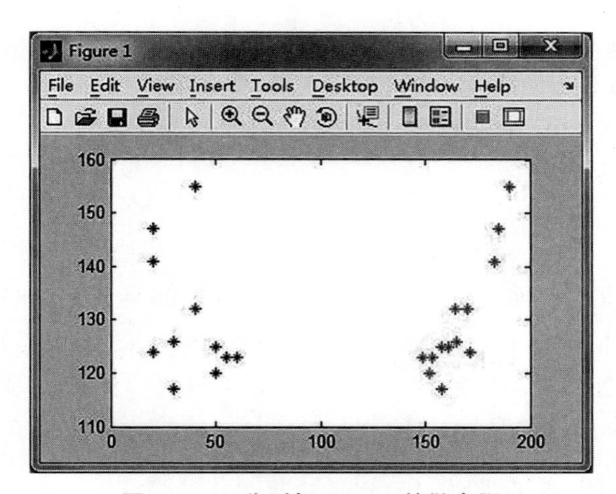

图 5-1 Y 分别与 x1、x2 的散点图

```
        0.8729    1.2636
        0.2148    0.5856
r=0.5741
    0.4640
    -3.7167
    0.6908
    -0.8312
    -4.0404
    2.7768
    -0.8355
    -2.6527
    0.5048
    3.7569
    -1.0183
    4.3274
rint=-5.5068    6.6550
        -5.3336    6.2615
        -8.6643    1.2309
        -5.4431    6.8248
        -6.4259    4.7634
        -9.4998    1.4190
        -2.5255    8.0791
        -7.0515    5.3804
        -8.7044    3.3990
        -5.4962    6.5057
        -2.0378    9.5517
```

```
    -4.8938    2.8571
    -0.4144    9.0693
stats=0.9461    87.8404    0.0000    8.1430
```

5.3.1.3.1 参数估计

根据试验结果可得：所求经验回归方程为 $\hat{Y}=-62.9634+1.0683x_1+0.4002x_2$，常数项置信度为95%的置信区间为（-100.8412，-25.0855），x_1 及 x_2 系数置信度为95%的置信区间分别为（0.8729，1.2636）和（0.2148，0.5856），13个残差的区间估计都包含0，说明这13个观测值中无异常值。

5.3.1.3.2 模型检验

由stats统计量的输出结果可以看出 $R^2=0.9461$，认为拟合较好，可以接受该回归方程，F对应的p值小于0.05，可认为该方程显著，即认为体重和年龄是影响血压的重要因素。

5.3.1.3.3 回归诊断（残差分析）

调用残差分析图（见图5-2），输入命令：

≫rcoplot（r，rint）

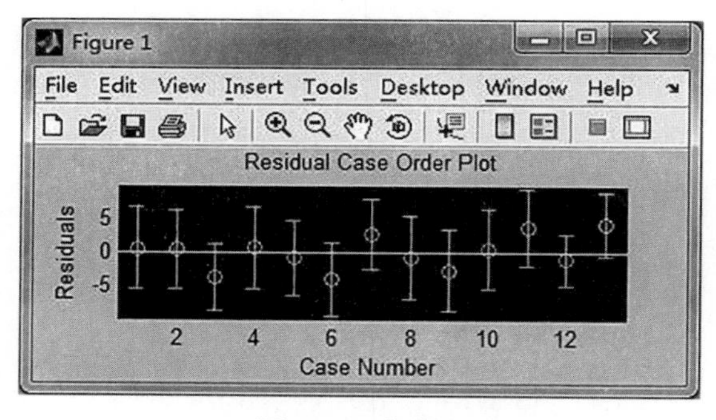

图5-2 残差图

从残差图可以看出，数据的残差离0点均较接近，且残差的置信区间均包含0点，这说明数据符合线性回归模型的假设要求。

5.3.1.3.4 方差 σ^2 及多重相关系数 r 的估计值

在MATLAB命令窗口输入命令：

```
≫n=length（y）；
≫q=（y-x*b）'*（y-x*b）；
≫sigma2=q/n
```

运行结果：

```
sigma2=6.2639
```

在 MATLAB 命令窗口输入命令：

```
≫r=sqrt (1-q/ (n * var (y, 1) ) )
r=0.9727
```

即 $\hat{\sigma}^2 = 6.2639$，$r = 0.9727$

5.3.2 岭回归实验

5.3.2.1 实验目的

（1）掌握岭回归的理论知识。

（2）掌握运用 MATLAB 软件进行岭回归分析的方法。

5.3.2.2 实验要求

岭回归分析的理论知识和 MATLAB 软件的相关内容。

5.3.2.3 实验内容

当线性回归的结构矩阵 X 呈病态时，则虽然 $(X^TX)^{-1}$ 存在，但β的最小二乘估计$\hat{\beta}$的均方误差将会变大且不稳定。为了改善自变量存在多重共线时最小二乘估计的均方误差，增强估计的稳定性，利用函数 ridge 对普通最小二乘估计进行修正。

函数：ridge

调用格式：b=ridge（y，x，k）

这里 y 为因变量，x 为结构矩阵，k 为标量常数（岭系数）。当 k=0 时，b 为最小二乘估计，当 k 增大时，b 的偏度增加，但方差减小。对于情况较差的 x，经常降低对方差的要求来补偿偏度。

【例 5.2】 对表 5-3 的相应变量 Y 与自变量 x_1、x_2 的观测数据进行岭回归。

表 5-3 变量

相应变量 Y	2.01	1.99	4.01	5.99	8.01	7.99	10.01	11.99
X_1 的值	0.99	1.02	2.03	2.97	3.96	4.01	5.04	6.05
X_2 的值	1.01	0.99	1.99	3.01	4.01	3.99	4.99	5.99

解：在命令窗口输入程序：

```
y= [2.01  1.99  4.01  5.99  8.01  7.99  10.01  11.99]';
```

```
x=[0.99  1.02  2.03  2.97  3.96  4.01  5.04  6.05; 1.01  0.99  1.99  3.01
    4.01  3.99  4.99  5.99]';
b=zeros(2, 100);
kvec=0.01: 0.01: 1;
count=0;
for k=0.01: 0.01: 1
count=count+1;
b(:, count) = ridge(y, x, k);
end
plot(kvec', b'), xlabel('\itk'), ylabel('\it\beta'), title('岭迹图')
```

运行结果见图 5-3（岭迹图）。

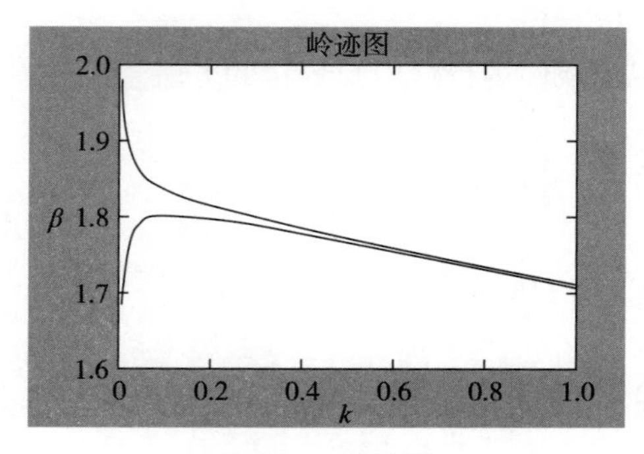

图 5-3 岭迹图

结果说明：由岭迹图可以看出，岭迹在 k=0.02 处稳定下来了，取 k=0.02 作为岭参数，进行岭回归：

```
>>b=ridge(y, x, 0.02)
```

运行结果如下：

```
b=1.7494
  1.9085
```

结果说明：由于我们只关心斜率项系数的变化，所以只输出了岭回归系数，岭回归方程为 $\hat{Y}(k^*) = \beta_0 + 1.7494x_1 + 1.9085x_2$。

5.3.3 逐步回归实验

5.3.3.1 实验目的

（1）掌握逐步回归分析的基础知识。

（2）掌握运用 MATLAB 软件进行逐步回归分析的方法。

5.3.3.2　实验要求

逐步回归分析的理论知识和 MATLAB 软件的相关内容。

5.3.3.3　实验内容

逐步回归是多元线性回归模型中选择回归变量的一种常用方法。利用函数 stepwisefit 或交互式图形界面（GUI）逐步回归工具 stepwise 进行逐步回归分析，得到局部最优的回归模型。

5.3.3.3.1　交互式图形工具

逐步回归工具 stepwise 提供一个交互式窗口，用户在这个窗口上可以自由地选择变量，进行统计分析。

函数：stepwise

调用格式：stepwise（x，y，inmodel，penter，premove）

运行 stepwise 命令时产生三个图形窗口：Stepwise Plot、Stepwise Table、Stepwise History。

在 Stepwise Plot 窗口，显示出各项的回归系数及其置信区间。

Stepwise Table 窗口中列出了一个统计表，包括回归系数及其置信区间，以及模型的统计量剩余标准差（RMSE）、相关系数（R-square）、F 值、与 F 对应的概率 P。

【例 5.3】　水泥凝固时放出的热量 Y 与水泥中 4 种化学成分 x_1、x_2、x_3、x_4 有关，今测得一组数据见表 5-4，试用逐步回归法确定一个线性模型。

表 5-4　水泥凝固产生的热量与化学成分

序号	1	2	3	4	5	6	7	8	9	10	11	12	13
x_1	7	1	11	11	7	11	3	1	2	21	1	11	10
x_2	26	29	56	31	52	55	71	31	54	47	40	66	68
x_3	6	15	8	8	6	9	17	22	18	4	23	9	8
x_4	60	52	20	47	33	22	6	44	22	26	34	12	12
Y	78.5	74.3	104.3	87.6	95.9	109.2	102.7	72.5	93.1	115.9	83.8	113.3	109.4

解：

（1）数据输入。

```
x1 = [7  1  11  11  7  11  3  1  2  21  1  11  10]';
x2 = [26  29  56  31  52  55  71  31  54  47  40  66  68]';
x3 = [6  15  8  8  6  9  17  22  18  4  23  9  8]';
```

x_4 = [60 52 20 47 33 22 6 44 22 26 34 12 12]';

y=[78.5 74.3 104.3 87.6 95.9 109.2 102.7 72.5 93.1 115.9 83.8 113.3 109.4]';

x= [x1 x2 x3 x4];

(2) 逐步回归。

输入命令:

≫stepwise (x, y)

得到图 5-4:

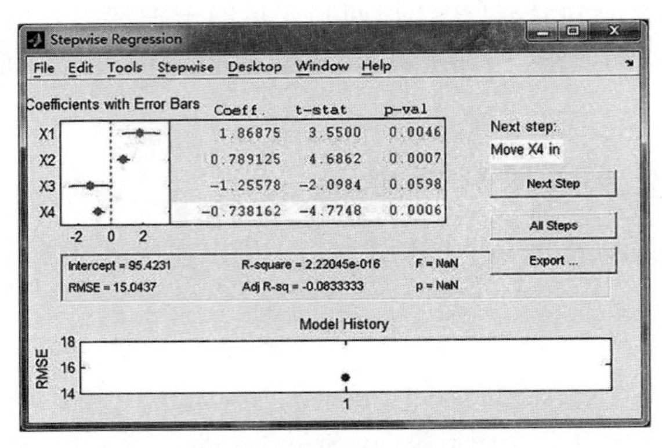

图 5-4 逐步回归

该逐步回归分析中有 4 个候选自变量 x_1、x_2、x_3、x_4,图中左上角用圆点和线段显示 4 个候选变量的回归系数的估计值和置信区间,意味着这四个候选量都不合理;中间方框中的数据:Intercept 是线性回归模型的常数项的估计值,后面的分别表示可决系数 R^2,F 统计量、剩余标准差、调整后的决定系数、伴随概率,此图 R^2 的值接近于 0,说明四个自变量解释因变量的比例非常低,由此也得到模型不合理的结论;图中左上方 Coeff. 下面的数据是各候选变量的回归系数,t-stat 表示 t 统计量,p-val 是伴随概率,当 p-val 小于给定的显著性水平时回归模型有效;图中最下方的圆点表示每次调整候选变量后的回归模型的剩余标准差,越小越好。

由于此模型不合理,所以进行逐步回归,在此图中选右侧按钮 Next Step,得到图 5-5,此图中可选出 x_4,再进行回归得到图 5-6,选出 x_1,逐步回归结束,最终选定 x_1、x_4 为此问题的解释变量。所以确定回归模型为 $\hat{Y}=103.097+1.44x_1-0.614x_4$。

5.3.3.3.2 逐步回归的命令

函数:stepwisefit

调用格式:stepwisefit (x, y, inmodel, penter, premove)

说明:x 表示自变量数据,$n\times m$ 阶矩阵;y 表示因变量数据,$n\times 1$ 阶矩阵;inmodel 表示矩阵的列数的指标,给出初始模型中包括的子集(缺省时设定为全部自变量);alpha 表示显著性水平(缺省时为 0.05)。

上例 5.3 中运用命令如下:

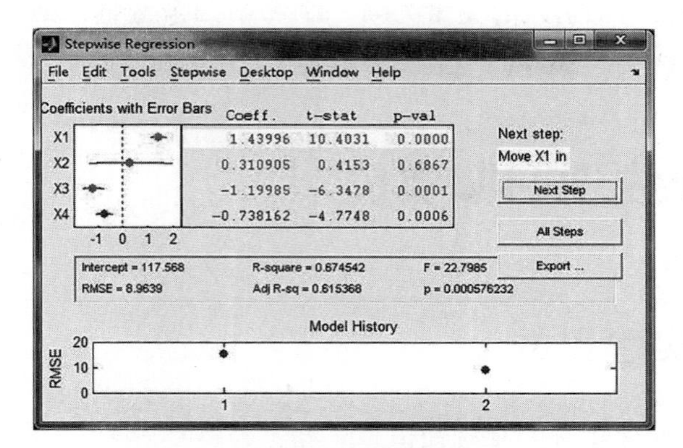

图 5-5　逐步回归

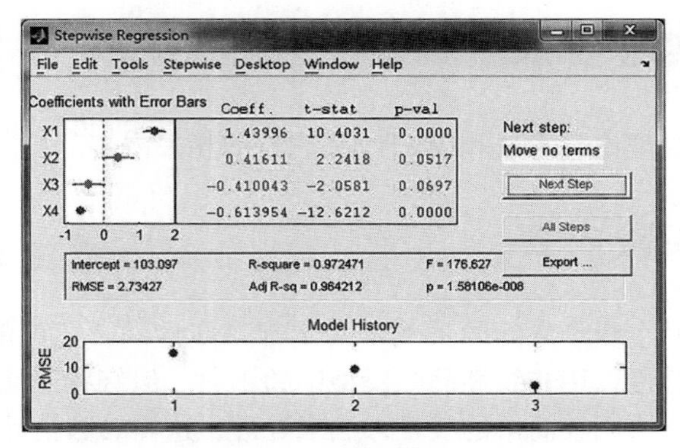

图 5-6　逐步回归

```
≫stepwisefit（x，y）
输出结果：
Initial columns included：none
Step 1，added column 4，p=0.000576232
Step 2，added column 1，p=1.10528e-006
Final columns included：1    4
ans='Coeff'      'Std. Err.'      'Status'      'P'
     [ 1.4400]    [0.1384]     'In'      [1.1053e-006]
     [ 0.4161]    [0.1856]     'Out'     [0.0517]
     [-0.4100]    [0.1992]     'Out'     [0.0697]
     [-0.6140]    [0.0486]     'In'      [1.8149e-007]
ans=1.4400
     0.4161
     -0.4100
     -0.6140
```

结果说明：回归模型中引入的变量为第一个和第四个变量，回归系数分别为 1.44 和 -0.614，所以回归方程为：$\hat{Y}=c+1.44x_1-0.614x_4$（c 是常数项）。

5.3.4 非线性回归实验

5.3.4.1 实验目的

（1）掌握多项式曲线拟合的基础知识。
（2）掌握运用 MATLAB 软件进行多项式评价和参数估计的方法。

5.3.4.2 实验要求

多项式曲线的拟合理论、方法和 MATLAB 软件的相关内容。

5.3.4.3 实验内容

在实际问题中，两个变量之间的关系不一定都是线性的，还可能是某种非线性关系。对于非线性模型的拟合可以用非线性回归模型中的函数。但有些非线性模型可以通过适当变化转化为线性模型，再用较简单的线性方法来处理，这样参数估计的收敛速度较快。

多项式回归模型为

$$\begin{cases} Y=\beta_0+\beta_1 x+\beta_2 x^2+\cdots+\beta_p x^p+\varepsilon \\ \varepsilon \sim N(0,\ \sigma^2) \end{cases}$$

令 $x_1=x$，$x_2=x^2$，…，$x_p=x^p$，则模型化为 p 元线性回归模型

$$\begin{cases} Y=\beta_0+\beta_1 x_1+\cdots+\beta_p x_p+\varepsilon \\ \varepsilon \sim N(0,\ \sigma^2) \end{cases}$$

注：多项式回归一般在 $p \leqslant 3$ 的情况下使用，当 $p=2$ 时称为抛物线回归。

【例 5.4】 已知废品率 Y 与化学成分 x 有统计相关关系，现有试验数据如表 5-5 所示：

表 5-5 化学成分与废品率

化学成分 x	34	36	37	38	39	39	39	40
废品率 Y	1.30	1.00	0.73	0.90	0.81	0.70	0.60	0.50
化学成分 x	40	41	42	43	43	45	47	48
废品率 Y	0.44	0.56	0.30	0.42	0.35	0.40	0.41	0.60

试求 Y 对 x 的回归方程。

解:

(1) 画散点图 (见图 5-7), 确定选配的曲线类型。

MATLAB 程序:

```
x= [34  36  37  38  39  39  39  40  40  41  42  43  43  45  47  48];
y=[1.30  1.00  0.73  0.90  0.81  0.70  0.60  0.50  0.44  0.56  0.30  0.42
    0.35  0.40  0.41  0.60];
plot (x, y,'ro')
```

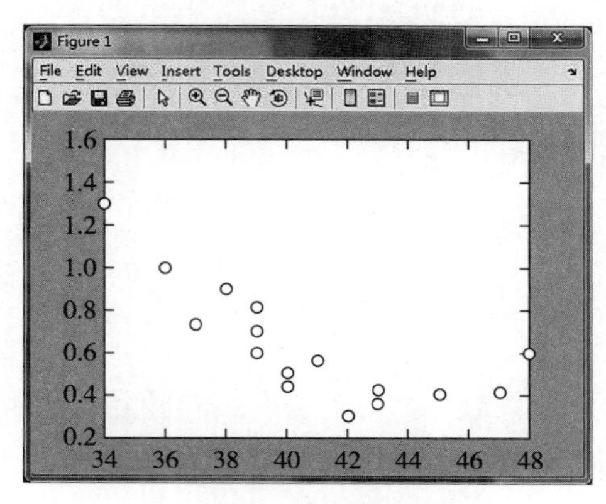

图 5-7　观测值的散点图

设有二次多项式回归模型 $Y=\beta_0+\beta_1 x+\beta_2 x^2+\varepsilon$, $\varepsilon \sim N(0, \sigma^2)$ 。

令 $x_1=x$, $x_2=x^2$, 则回归模型化为 $y=\beta_0+\beta_1 x_1+\beta_2 x_2$, 记 $X=(1, x, x^2)$, 求解经验回归系数。

MATLAB 程序:

```
x1= [34  36  37  38  39  39  39  40  40  41  42  43  43  45  47  48];
x2=x1.^2;
n=length (x1);
x= [ones (1, n); x1; x2]';
y= [1.30  1.00  0.73  0.90  0.81  0.70  0.60  0.50  0.44  0.56  0.30  0.42
0.35  0.40  0.41  0.60]';
b=inv (x'*x) *x'*y
b=18.2642
  -0.8097
  0.0092
```

经验回归函数为

$$\hat{Y}=18.2642-0.8097x_1+0.0092x_2$$

因此经验回归曲线为

$$\hat{Y}=18.2642-0.8097x+0.0092x^2$$

(2) 经验回归曲线与散点图的比较 (见图 5-8)。

MATLAB 程序：

```
≫y1=y';
≫plot (x1, y1,'ro')
≫hold on
≫f='18.2642-0.8097*x1+0.0092*x1.^2';
≫fplot (f, [34, 48] )
```

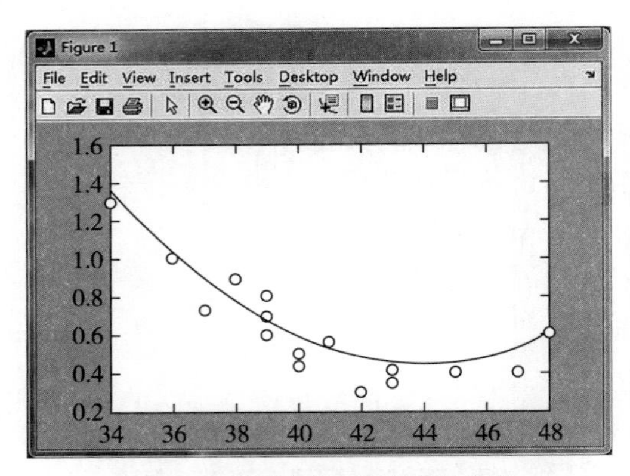

图 5-8　散点图与经验回归曲线

(3) 求 σ^2 的矩估计与多重相关系数 r。

MATLAB 命令：

```
q= (y-x*b)'* (y-x*b); q/n
ans=0.0082
≫sqrt (1-q/ (n*var (y, 1) ) )
ans=0.9387
```

即 $\hat{\sigma}^2 = 0.0082$, $\hat{r} = 0.9387$。

参考文献

［1］陈志芳，李国晖．概率论与数理统计［M］．北京：科学出版社，2016.

［2］郭科．数学实验：概率论与数理统计分册［M］．北京：高等教育出版社，2009.

［3］胡蓉．MATLAB 软件与数学实验［M］．北京：经济科学出版社，2010.

［4］马守荣，谭朵朵，侯鹏．数理统计学实验［M］．北京：中国统计出版社，2010.

［5］孙春花，曹美丽，包一玫．统计学［M］．北京：中国财政经济出版社，2018.

［6］汪祥莉，孙琳．数理统计及其在数学建模中的实践（使用 MATLAB）［M］．北京：机械工业出版社，2013.

［7］王岩，隋思涟．数理统计与 MATLAB 数据分析［M］．北京：清华大学出版社，2006.

［8］周品，赵新芬．MATLAB 数理统计分析［M］．北京：国防工业出版社，2009.

［9］宗序平．数理统计学及其应用（使用 MATLAB）［M］．北京：机械工业出版社，2016.

［10］毛志勇，孙春花．概率论与数理统计［M］．北京：科学出版社，2013.

［11］茆诗松，周纪芗．概率论与数理统计［M］．北京：中国统计出版社，2007.